高职高专规划教材

工程建设定额原理

（第二版）

王廷贵　主编

张国强　主审

石油工业出版社

内 容 提 要

　　本书是工程造价、工程管理、建筑经济管理等专业的主干课教材,主要包括工程建设定额的工作研究与施工定额、企业定额、预算定额、概算定额与概算指标、投资估算指标和工期定额等内容。在编写过程中力求做到系统性强,语言精练,通俗易懂,理论联系实际。

　　本书既可作为土建类及工程造价、工程管理、建筑经济管理等专业教材,也适用于自学和相关专业人员参考。

图书在版编目(CIP)数据

　　工程建设定额原理/王廷贵主编. —2 版. —北京:
石油工业出版社,2017.8

　　高职高专规划教材

　　ISBN 978 - 7 - 5183 - 2049 - 3

　　Ⅰ. 工… Ⅱ.①王… Ⅲ.①建筑工程—工程造价—高等职业教育—教材 Ⅳ.①TU723.3

　　中国版本图书馆 CIP 数据核字(2017)第 179782 号

出版发行:石油工业出版社
　　　　(北京市朝阳区安定门外安华里 2 区 1 号楼　　100011)
　　　　网　　址:www.petropub.com
　　　　编辑部:(010)64250091　图书营销中心:(010)64523633
经　　销:全国新华书店
排　　版:北京市密东科技有限公司
印　　刷:北京中石油彩色印刷有限责任公司

2017 年 8 月第 2 版　2017 年 8 月第 4 次印刷
787 毫米×1092 毫米　开本:1/16　印张:9.5
字数:240 千字

定价:20.00 元

第二版前言

　　"工程建设定额原理"是工程造价、建筑经济管理和工程项目管理等专业的主要核心课程,它从研究建筑安装产品的生产成果与生产消耗的数量关系着手,合理地确定完成单位建筑安装产品的消耗数量标准,是一门技术性、综合性、专业性和政策性都很强的课程。通过对本课程的学习,重点培养学生的专业能力,为准确进行工程计价打下基础。

　　本书依据全国高职高专教育土建类专业教学指导委员会制定的工程造价专业培养目标和培养方案以及主干课程教学基本要求,及建设部颁发的《全国统一建筑工程基础定额》《全国统一建筑建设工程劳动定额》《全国统一建筑安装工程工期定额》《建设工程工程量清单计价规范》以及部分地区建筑工程定额编写的。在编写过程中,力求做到语言精练、通俗易懂、博采众长、理论联系实际,使本书不仅适用于高职工程造价和建筑管理等相关专业学生学习,也可作为工程造价人员业务学习的参考书。

　　本书本着"推陈出新、突出重点、贴近教学、重在实用"的原则,力求新颖、精练、实际。在教材的知识结构上,以工程建设定额原理为基本主线,从定额编制的基础——工时研究入手,讲清工程定额的测定方法,全面系统地阐述了各类定额的编制及使用方法,并在编写过程中引入大量的典型工程实例,因此具有较强的实用性和可操作性。

　　本书共6章,由天津工程职业技术学院老师共同编写,具体分工为:第1章和第4章由王廷贵编写,第2章由吴振强编写,第3章由高东丽编写,第5章由黎娜编写,第6章由马鹰编写。王廷贵老师担任主编,负责统稿、修改并定稿,张国强老师担任主审。

　　在本书编写过程中,天津工程职业技术学院建筑工程系崔玉梅、王春旺、米胜国、何立红、王文丽、佟芳、陈海英等同志对书稿提出了很多宝贵的意见,在此表示衷心的感谢。编写过程中还参考了书后所列参考文献中的部分内容,谨在此向其作者致以衷心的感谢。

　　限于编者水平,不妥之处在所难免,恳请读者批评指正,以利于今后补充修正。

编　者

2017 年 5 月

第一版前言

本教材是依据国家建设部颁布的《全国统一建筑工程基础定额》、国家交通部颁布的《公路工程施工定额》、部分地区的建筑工程预算定额综合基价以及工程建设相关的法律、法规、规范，结合工程实践编写而成的。根据全国高职高专教育土建类专业教学委员会制定的工程造价专业培养目标和主干课程教学基本要求，结合高职高专教育的特点，理论以"必需、够用"为度，在内容安排上，力求系统性强，语言精练，通俗易懂，理论联系实际，使学生能够掌握现行的工程建设定额的基本原理，毕业后能很快适应工作岗位的需要。突出应用性，注重理论联系实际，同时内容通俗易懂。既可作为土建类及工程造价、工程管理、建筑经济管理等专业教材，也适用于自学和相关专业人员参考。

本教材由天津工程职业技术学院王廷贵编写第一、第二章，张国强编写第三、第五、第六章，大庆石油学院应用技术学院伊路平、刘忠敏编写第四章。张国强任主编，负责统稿、修改并定稿。

本书编写过程中天津工程职业技术学院建筑工程系主任刘玉刚，建筑工程系崔玉梅、何立红、王文丽、佟芳、王春旺、米胜国、陈海英等同志；天津工程职业技术学院教务处贾咏梅同志；中国石油大港油田集团公司公路工程公司招投标办主任刘霞同志；对书稿提出了很多宝贵的意见，在此表示衷心的感谢。

由于编者水平有限，书中难免有疏漏和不妥之处，敬请有关专家和广大读者批评指正。

编　者
2008 年 4 月

目　　录

第一章　绪　　论

第一节　工程建设定额的产生与发展

一、工程建设定额的概念与研究对象

1. 定额的概念

定额,"定"就是规定,"额"就是数量,顾名思义,就是规定的额度或数额,即是规定生产中各种社会必要劳动的消耗量的标准尺度。它是生产管理部门为指导和管理生产经营活动,根据一定时期的生产水平和产品的质量要求,制定的完成一定数量的合格产品所需消耗的人力、物力和财力的数量标准。由于不同的产品有不同的质量和安全要求,因此定额不单纯是一种合理的数量标准,而是数量、质量和安全要求的统一体。

生产任何一种合格产品都必须消耗一定数量的人工、材料、机械台班,而生产同一产品所消耗的劳动量常随着生产因素和生产条件的变化而不同。一般来说,在生产同一产品时,所消耗的劳动量越大,则产品的成本越高,企业盈利就会降低,对社会的贡献就会降低;反之,所消耗的劳动量越小,产品的成本越低,企业盈利就会增加,对社会的贡献就会增加。但这时消耗的劳动量不可能无限地降低或增加,它在一定的生产因素和生产条件下,在相同的质量与安全要求下,必有一个合理的数额,作为衡量标准。同时这种数额标准还受到不同社会制度的制约。

因此,定额的定义可表述为:定额就是在一定的社会制度、生产技术和组织条件下规定完成单位合格产品所需人工、材料、机械台班的消耗标准。它反映着一定时期的生产力水平。

在数值上,定额表现为生产成果与生产消耗之间一系列对应的比值常数,可以分为产量定额和时间定额。产量定额与时间定额是定额的两种表现形式,在数值上互为倒数,即

$$产量定额 = \frac{1}{时间定额} \quad 或 \quad 时间定额 = \frac{1}{产量定额}$$

上式表明生产单位产品所需的消耗越少,则单位消耗获得的生产成果越大;反之亦然。它反映了经济效果的提高或降低。

2. 工程建设定额的概念

工程建设定额是指在正常的施工条件下,合理的劳动组织、合理使用材料及机械的条件下,完成单位合格建设产品所必需的人工、材料、机械台班等的消耗量标准。它反映了在一定的社会生产力水平条件下建设产品生产与生产消费的数量关系。

为准确理解其概念,应注意:

(1)工程建设定额是指在正常施工条件下,在合理的劳动组织、合理使用材料和机械的条件下,完成建设工程单位合格产品所必须消耗的各种资源的消耗标准。

(2)工程建设定额的"单位"是指定额子目中所规定的定额计量单位,因定额性质的不同而不同;"产品"是指"工程建设产品",称为工程定额的标定对象。

在工程建设定额中,产品是一个广义的概念,它可以指工程建设的最终产品——建设项目(如一所学校、一座医院、一座工厂、一个住宅小区等),也可以是独立发挥功能和作用的某些完整产品——工程项目(如一所学校的教学大楼、学生宿舍、食堂等),也可以是完整产品中能单独组织施工的部分——单位工程(如教学大楼的土建工程、卫生技术工程、电气照明工程),还可以是单位工程中的基本组成部分——分部工程或分项工程(如土建工程中的土石方工程、打桩工程、基础与垫层工程、砌筑工程、混凝土与钢筋混凝土工程、屋面工程等分部工程,混凝土与钢筋混凝土工程分部工程中的柱、梁、板、墙、阳台、楼梯等分项工程)。工程建设定额中产品概念的范围之所以广泛,是因为工程建设产品具有构造复杂、产品形体庞大、种类繁多、生产周期长等技术特点。

(3)工程建设定额反映了在一定的社会生产力水平条件下,完成某项合格产品与各种生产消耗之间特定的数量关系,同时也反映了其施工技术和管理水平。

(4)工程建设定额不仅给出了建设工程投入与产出的数量关系,同时还给出了具体的工作内容、质量标准和安全要求。

3. 工程建设定额的研究对象

工程建设定额主要研究在一定生产力水平条件下,建筑产品生产和生产消耗之间的数量关系,寻找出完成一定建设产品的生产消耗的规律性,同时也分析施工技术和施工组织因素对生产消耗的影响。

二、定额水平

定额水平是指完成单位合格产品所需的人工、材料、机械台班消耗标准的高低程度,是在一定施工组织条件和生产技术下规定的施工生产中活劳动和物化劳动的消耗水平。

定额水平的高低,反映了一定时期社会生产力水平的高低,与操作人员的技术水平、机械化程度、新材料、新工艺、新技术的发展及应用有关,与企业的管理水平和社会成员的劳动积极性有关。所谓定额水平高,是指单位产量提高,活劳动和物化劳动消耗降低,反映为单位产品的造价低;反之,定额水平低是指单位产量降低,消耗提高,反映为单位产品的造价高。

产品的价值量取决于消耗于产品中的必要劳动消耗量,定额作为单位产品经济的基础,必须反映价值规律的客观要求。它的水平根据社会必要劳动时间来确定。

所谓社会必要劳动时间,是指在现有的社会正常生产条件下,在社会的平均劳动熟练程度和劳动强度下,完成单位产品所需的劳动量。社会正常生产条件是指大多数施工企业所能达到的生产条件。

一般来说,定额水平与生产力水平成正比,与资源消耗量成反比。目前定额水平有平均先进水平和社会平均水平两类。

三、定额的产生和发展

定额的产生和发展与管理科学的产生与发展有着密切关系。

从历史发展来说,在小商品生产条件下,由于生产规模较小、技术水平较低,生产的产品也比较单纯,生产一件产品所需投入的劳动时间和材料、机械台班方面的数量,往往只要凭生产者的生产经验就可估计出来了。这种经验经常通过先辈或从师学艺或从书本记载中得到,而且可以世世代代传授下去。

1. 国外定额的产生与发展

18世纪末19世纪初,在技术水平最高、生产力水平最发达、资本主义发展最快的美国,形成了统一的管理理念。定额的产生是与管理科学的形成和发展紧密地联系在一起。它的代表人物有美国人泰勒和吉尔布雷斯等,而定额和企业管理成为科学应该说是从泰勒开始的,因而,泰勒在西方赢得"管理之父"的尊称。泰勒制的创始人是19世纪初的美国工程师泰勒(1856—1915年),当时美国资本主义已处于上升时期,工业发展得很快,机器设备虽然很先进,但由于采用传统的旧管理方法,工人劳动强度大,生产效率低,生产能力得不到充分发挥,这不仅严重阻碍了社会经济的进一步发展和繁荣,而且不利于资本家赚取更多的利润。在这种背景下,泰勒开始了企业管理的研究,他进行了多种试验,努力地把当时科学技术的最新成果应用于企业管理,目标就是提高劳动生产率、提高工人的劳动效率。他通过科学试验,对工作时间、操作方法、工作时间的组成部分等进行细致研究,制定出最节约工作时间的标准操作方法。同时,在此基础上,要求工人取消那些不必要的操作程序,制定出水平较高的工时定额,用工时定额来评价工人工作的好坏。如果工人能完成或超额完成工时定额,就能得到远高于基础工资的工资报酬;如果工人达不到工时定额的标准,就只能拿到较低的工资报酬。这样工人势必要努力按标准程序去工作,争取达到或超过标准规定的时间,从而取得更多的工资报酬。在制定出较先进的工时定额的同时,泰勒还对工具设备、材料和作业环境进行了研究,并努力使其达到标准化。

泰勒制的核心可以归纳为两个方面,即:第一,实行标准的操作方法,制定出科学的工时定额;第二,完善严格的管理制度,实行有差别的计件工资。泰勒制的产生和推行,在提高生产率方面取得了显著的效果,给资本主义企业管理带来了根本性的变革,同时也为当时的资本主义企业带来了巨额利润。

继泰勒制以后,资本主义企业管理又有了新的发展,一方面,管理科学在操作方法、作业水平的科学组织研究上有了新的扩展;另一方面,也利用现有自然科学和材料科学的新成果作为科学技术手段进行科学管理。20世纪20年代出现了行为科学,从社会学和心理学的角度,对工人在生产中的行为以及这些行为产生的原因进行研究,强调重视社会环境、人际关系对人的行为影响,着重研究人的本性和需要、行为和动机。行为科学采用诱导的方法,鼓励工人发挥主观能动性和创造性,来达到提高生产效率的目的。它较好地弥补了泰勒等人开创的科学管理的某些不足,更进一步丰富和完善了科学管理。20世纪70年代出现的系统管理理论,把管理科学与行为科学有机结合起来,从事物整体出发,系统地对劳动者、材料、机器设备、环境、人际关系等对工时产生影响的重要因素进行定性和定量相结合的分析与研究,从而选定适合本企业实际的最优方案,以此产生最佳效果,取得最好的经济效益。所以定额伴随管理科学的产生而产生,伴随管理科学的发展而发展。定额是企业管理科学化的产物,也是科学管理企业的基础和必要条件。

2. 我国定额的产生与发展

在我国古代工程建设中,已十分重视工料消耗计算。早在北宋时期,土木建筑家李诚编修的《营造法式》(成书于1100年),就可看作是古代的工料定额。它既是土木建筑工程技术的巨著,也是工料计算方面的巨著。清朝工部《工程做法则例》中,也有许多内容是说明工料计算方法的,可以说它是主要的一部算工算料的著作。

新中国成立以来,我国工程建设定额经历了开始建立和日趋完善的发展过程。最初是吸收劳动定额工作经验结合我国建筑工程施工实际情况,编制了适合我国国情并切实可行的定额。1951年制定了东北地区统一劳动定额,1955年劳动部和建筑工程部联合编制了全国统一的劳动定额,1956年在此基础上颁发了全国统一施工定额。此后,我国工程建设定额经历了一个由分散到集中,由集中到分散,又由分散到集中的统一领导与分级管理相结合的发展过程。

十一届三中全会以后,我国工程建设定额管理得到了更进一步的发展。1981 年国家建委颁发了《建筑工程预算定额》(修改稿),1986 年国家计委颁发了《全国统一安装工程预算定额》,1988 年建设部颁发了《仿古建筑及园林工程预算定额》,1992 年建设部颁发了《建筑装饰工程预算定额》,1995 年建设部颁发了《全国统一建筑工程基础定额》(土建部分),之后,又逐步颁发了《全国统一市政工程预算定额》和《全国统一安装工程预算定额》以及《全国统一建筑装饰装修工程消耗量定额》(GYD 901—2002)。各省、市、自治区也在此基础上编制了新的地区建筑工程预算定额。为更好地与国际接轨,建设部在 2003 年颁发了国家标准《建设工程工程量清单计价规范》(GB 50500—2003),2009 年住建部与人力资源和社会保障部联合颁发了国家劳动和劳动安全行业标准《建设工程劳动定额——建筑工程》(LD/T 72.1～11—2008),2013 年住建部颁发国家标准《建设工程工程量清单计价规范》(GB 50500—2013),使我国的工程建设定额体系更加完善。

四、定额在现代经济生活中的地位

广义上,定额是一个规定的额度,是人们根据需要,对某一事物规定的数量标准。例如,分配领域的工资标准,生产和流通领域的原材料半成品、成品的消耗定额,技术方面的设计标准和规范,政治生活中的候选人名额、代表名额,等等。

在现实经济生活和社会生活中,定额确实无处不在,因为人们需要利用它对社会经济生活复杂多样的事物进行计划、调节、组织、预测、控制、咨询等一系列管理活动。定额是科学管理的基础,也是现代管理科学中的重要内容和基本环节。正确认识定额在现代管理中的地位有利于吸收和借鉴各种先进管理方法,不断提高科学管理水平,解决现代化建设中的各种复杂问题。

1. 为生产服务

定额是节约社会劳动、提高劳动生产率的重要手段。定额水平直接反映劳动生产率水平,反映劳动和物质消耗水平。劳动生产率的提高实质上就是缩短生产单位产品所需劳动时间,即用较少的劳动消耗生产更多的合格产品。定额为参加产品生产的各方明确应达到的工作目标与评价尺度,有利于调动劳动者的积极性。同时,它也是实行生产管理和经济核算的基础。

2. 为分配服务

定额是实现分配、兼顾效率与社会公平方面的基础,没有定额作为评价标准,就不可能进行合理的分配。

3. 为宏观调控服务

我国社会主义经济是建立在公有制基础上的,它既要充分发展市场经济又要有计划地进行指导和调节。这就需要利用一系列定额,以便为预测、计划、调节和控制经济发展提出有技术依据的分析,提供可靠计量的标准。

4. 为产品组价服务

价值是价格的基础,而价值量取决于必须消耗的社会劳动量,定额是劳动消耗的标准,没有定额就不可能制定合理的价格。

5. 为评价经济效果服务

定额是分析评价经济效果的杠杆,没有定额,就会缺少同一标准下衡量经济效果的尺度,就不可能得到科学客观的经济效果评价。从性质上讲,定额是社会生产管理的产物,具有技术和社会双重属性。在技术方面,定额反映为生产成果和生产消耗的客观规律及科学的管理方法。在社会方面,定额是一定生产关系的体现和反映,并具有法规性。

目前,管理科学已发展到相当的高度,但在经济管理领域仍然离不开定额,因为现代化管理不能没有科学的定量数据作为基础。当然,定额的管理体制和表现形式也须随时代的发展做出相应的变革。目前,我国建筑业为适应社会主义市场经济改革的需要,定额的强制性成分逐步弱化,而指导性将逐渐加强。

五、工程建设定额在我国社会主义市场经济条件下的作用

工程建设定额是固定资产在生产过程中的生产消耗定额,反映在工程建设中为消耗在单位产品上的人工、材料、机械台班的规定额度。这种量的规定,反映了在一定社会生产力发展水平和正常生产条件下,完成建设工程中某项产品与各种生产消费之间的特定的数量关系。

定额是企业管理科学化的产物,也是科学管理企业的基础和必备条件,在企业的现代化管理中一直占有十分重要的地位。无论是在研究工作还是在实际工作中,都应重视对工作时间和操作方法的研究,重视定额制度。

定额既不是"计划经济的产物",也不是中国的特产和专利,定额与市场经济的共融性是与生俱来的。可以说,工程建设定额在不同社会制度的国家都需要,都将永远存在,并将在社会和经济发展中,不断地发展和完善,使之更适应生产力发展的需要,进一步推动社会和经济进步。定额管理的双重性决定了它在市场经济中具有重要的地位和作用。

1. 定额对提高劳动生产率起保证作用

我国处于社会主义初级阶段,初级阶段的根本任务是发展社会生产力,而发展社会生产力的任务就是要提高劳动生产率。在工程建设中,定额通过对工时消耗的研究、机械设备的选择、劳动组织的优化、材料合理节约使用等方面的分析和研究,使各生产要素得到最合理的配合,最大限度地节约劳动力和减少材料的消耗,不断地挖掘潜力,从而提高劳动生产率并降低成本。通过工程建设定额的使用,把提高劳动生产率的任务落实到各项工作和每个劳动者,使每个工人都能明确各自目标、加快工作进度、更合理有效地利用和节约社会劳动。

2. 定额是国家对工程建设进行宏观调控和管理的手段

市场经济并不排斥宏观调控,利用定额对工程建设进行宏观调控和管理主要表现在以下三个方面:

第一,对工程造价进行宏观管理和调控;

第二,对资源进行合理配置;

第三,对经济结构进行合理的调控,包括对企业结构、技术结构和产品结构进行合理调控。

3. 定额有利于市场公平竞争

在市场经济规律作用下的商品交易中,特别强调等价交换的原则。所谓等价交换,就是要求商品按价值量进行交换,建筑产品的价值量是由社会必要劳动时间决定的,而定额消耗量标准是建筑产品形成市场公平竞争、等价交换的基础。

4. 定额有利于规范市场行为

建筑产品的生产过程是以消耗大量的生产资料和生活资料等物质资源为基础的。由于工程建设定额制定出以资源消耗量的合理配置为基础的定额消耗量标准,这样一方面制约了建筑产

品的价格,另一方面企业的投标报价中必须要充分考虑定额的要求。可见定额在上述两方面规范了市场主体的经济行为,所以定额对完善我国建筑招投标市场起到了十分重要的作用。

5.定额有利于完善市场的信息系统

信息是建筑市场体系中不可缺少的要素,信息的可靠性、完备性和灵敏性是市场成熟和市场效率的标志。在建筑产品交易过程中,定额能为市场需求主体和供给主体提供较准确的信息,并能反映出不同时期生产力水平与市场实际的适应程度。所以说,由定额形成建立与完善建筑市场信息系统,是我国社会主义市场经济体制的一大特色。

第二节　工程建设定额的分类与特点

一、工程建设定额的分类

工程建设定额是根据国家一定时期的管理体制和管理制度,根据不同定额的用途和适用范围,由指定机构按照一定程序和规则来制定的。工程建设定额反映了工程建设产品和各种资源消耗之间的客观规律。工程建设定额是一个综合概念,它是多种类、多层次单位产品生产消耗数量标准的总和。为了对工程建设定额能有一个全面的了解,可以按照不同原则和方法对它进行科学分类。

1.按照定额构成的生产要素分类

生产要素包括劳动者、劳动手段和劳动对象,反映其消耗的定额就分为人工消耗定额、材料消耗定额和机械台班消耗定额三种,如图1-1所示。

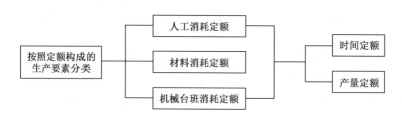

图1-1　按照定额构成的生产要素分类

1）人工消耗定额

人工消耗定额简称为劳动定额。在施工定额、预算定额、概算定额等各类定额中,人工消耗定额都是其中重要的组成部分。人工消耗定额是完成一定的合格产品规定活劳动消耗的数量标准。为了便于综合和核算,劳动定额大多采用工作时间消耗量来计算劳动消耗的数量,所以劳动定额主要的表现形式是时间定额。但为了便于组织施工和任务分配,也同时采用产量定额的形式来表示劳动定额。

2）材料消耗定额

材料消耗定额简称材料定额。材料消耗定额是指完成一定合格产品所需消耗的原材料、半成品、成品、构配件、燃料以及水电等的数量标准。材料作为劳动对象是构成工程的实体物资,需用数量较大,种类较多,所以材料消耗定额也是各类定额的重要组成部分。

3）机械台班消耗定额

机械台班消耗定额简称机械定额。它和人工消耗定额一样,在施工定额、预算定额、概算定额等多种定额中,都是其中的组成部分。机械台班消耗定额是指为完成一定合格产品所规定的施工机械消耗的数量标准。机械台班消耗定额的表现形式有机械时间定额和机械产量定额。

2. 按照定额的编制程序和用途分类

根据定额的编制程序和用途把工程建设定额分为施工定额、预算定额、概算定额、概算指标和投资估算指标等五种,如图 1-2 所示。

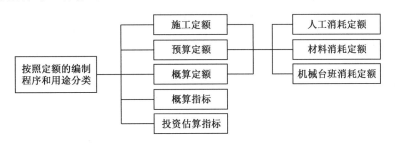

图 1-2 按照定额的编制程序和用途分类

1) 施工定额

施工定额是把同一性质的施工过程——工序,作为研究对象,表示生产产品数量与时间消耗关系的定额。施工定额是施工企业组织生产和加强管理在企业内部使用的一种定额,属于企业定额的性质。施工定额由劳动定额、机械定额和材料定额三个相对独立的部分组成,为了适应组织生产和管理的需要,施工定额的项目划分很细,是工程建设定额中项目划分最细、定额子目最多的一种定额,也是工程建设定额中的基础性定额。

施工定额是编制施工预算的依据,主要用于工程的施工管理,作为编制工程施工设计、施工作业计划、签发施工任务单、限额领料单及结算计件工资或计算奖励工资等用。它同时也是编制预算定额的基础。

2) 预算定额

预算定额是以建筑物或构筑物各个分部分项工程或结构构件为对象编制的定额。其内容包括劳动消耗定额、机械台班消耗定额、材料消耗定额三个基本部分,并列有工程费用,是一种基础的计价定额。从编制程序上看,预算定额以施工定额为基础,是对施工定额的扩大和综合而成的,同时它也是编制概算定额的基础。

预算定额是在编制施工图预算阶段,计算工程造价和计算工程中的劳动、机械台班、材料需要量时使用,它是调整工程预算和工程造价的重要基础,同时它也可以作为编制施工组织设计、施工技术财务计划的参考。随着经济发展,在一些地区出现了综合预算定额的形式,它实际上是预算定额的一种,只是在编制方法上更加扩大、综合、简化。

3) 概算定额

概算定额是以扩大的分部分项工程或扩大的结构构件为对象编制的,是计算和确定该工程项目的劳动、机械台班、材料消耗量所使用的定额,同时它也列有工程费用,也是一种计价定额。概算定额是在扩大初步设计阶段编制设计概算的依据。概算定额的项目划分粗细,与扩大初步设计的深度相适应,它是在预算定额的基础上扩大综合而成的,每一分项概算定额都包含了数项预算定额。

4) 概算指标

概算指标是对概算定额的扩大与合并,它是以整个建筑物或构筑物为对象,以更为扩大的计量单位来编制的。概算指标的内容包括劳动、机械台班、材料定额三个基本部分,同时还列出了各结构分部的工程量及单位建筑工程(以体积计或面积计)的造价,是一种计价定额。例如,每1000m² 房屋或构筑物、每1000m 管道、每座小型独立构筑物所需消耗的劳动、材料和机械台班的数量等。为了增加概算指标的适用性,也以房屋或构筑物的扩大的分部工程或结构构件为对象编制。

由于各种性质建设定额所规定的劳动、材料和机械台班消耗数量不一样,概算指标通常按工业建筑和民用建筑分别编制。工业建筑中又按各工业部门类别、企业大小、车间结构编制,民用建筑按照用途性质、建筑层高、结构类别编制。概算指标的设定和初步设计的深度相适应。一般是在概算定额和预算定额的基础上编制的,比概算定额更加综合扩大。它是设计单位在初步设计阶段编制工程概算的依据,也是建设单位编制年度任务计划、施工准备期间编制材料和机械设备供应计划的依据,也可供国家编制年度建设计划参考。

5)投资估算指标

投资估算指标是在项目建议书和可行性研究阶段编制投资估算、计算投资需要量时使用的一种定额。它非常概略,往往以独立的单项工程或完整的工程项目为编制对象,编制内容是所有项目费用之和。它的概略程度与可行性研究阶段相适应。投资估算指标往往根据历史的预、决算资料和价格变动等资料编制,但其编制基础仍然离不开预算定额、概算定额。投资估算指标多为计划部门使用。

3.按照编制单位和执行范围不同分类

工程建设定额按照编制单位和执行范围不同可分为全国统一定额、行业统一定额、地区统一定额、企业定额和补充定额五种,如图1-3所示。

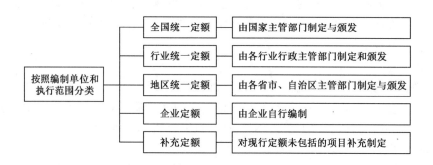

图1-3 按照定额的编制单位和执行范围分类

1)全国统一定额

全国统一定额是由国家建设行政主管部门综合我国工程建设中技术和施工组织技术条件的情况编制的,在全国范围内执行的定额。例如,全国统一的劳动定额、全国统一的市政工程定额、全国统一的安装工程定额、全国统一的建筑工程基础定额、全国统一的建筑装饰装修工程消耗量定额等。

2)行业统一定额

行业统一定额是各行业行政主管部门充分考虑本行业专业技术特点、施工生产和管理水平而编制的,一般只在本行业和相同专业性质的范同内使用的定额。这种定额往往是为专业性较强的工业建筑安装工程制定的。例如,铁路建设工程定额、水利建筑工程定额、矿井建设工程定额等。

3）地区统一定额

地区统一定额是由各省、直辖市、自治区在考虑地区特点和统一定额水平的条件下编制的，只在规定的地区范围内使用的定额。例如，一般地区适用的建筑工程预算定额、概算定额、园林定额等。

4）企业定额

企业定额是由施工企业根据本企业具体情况，参照国家、部门和地区定额编制方法制定的定额。企业定额只在本企业内部执行，是衡量企业生产力水平的一个标志。企业定额水平一般应高于国家现行定额，才能满足生产技术发展、企业管理和市场竞争的需要。

5）补充定额

补充定额是指随着设计、施工技术的发展，在现行定额不能满足需要的情况下，为补充现行定额中漏项或缺项而制定的。补充定额是只能在指定的范围内使用的指标。

4. 按照专业分类

工程建设定额按照专业不同可分为建筑工程定额、安装工程定额、仿古建筑及园林工程定额、装饰工程定额、公路工程定额、铁路工程定额、井巷工程定额、水利工程定额等，如图1-4所示。

上述各种定额虽然适用于不同的情况和用途，但是它们是一个互相联系、互相交叉、互相补充的有机整体，在实际工作中需配合使用。

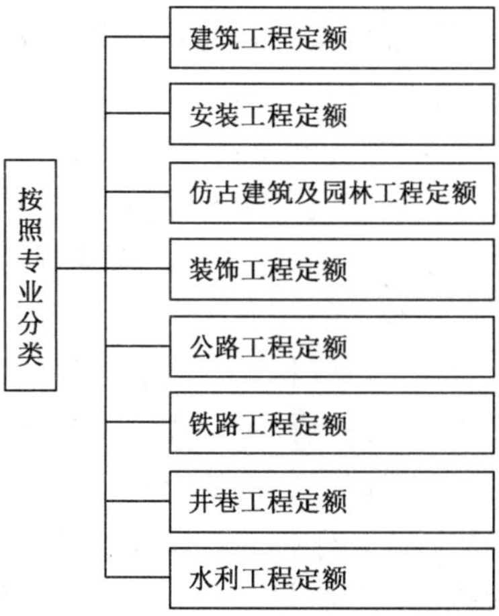

图1-4　按照定额专业分类

（图中内容：按照专业分类 → 建筑工程定额、安装工程定额、仿古建筑及园林工程定额、装饰工程定额、公路工程定额、铁路工程定额、井巷工程定额、水利工程定额）

二、工程建设定额的特点

1. 科学性

工程建设定额的科学性包括两重含义：一是指工程建设定额与生产力发展水平相适应，反映出工程建设中生产消费的客观规律；二是指工程建设定额在理论、方法和手段上适应现代科学技术和信息社会发展的需要。

工程建设定额的科学性，第一，表现在用科学的态度制定定额，尊重客观实际，力求定额水平合理；第二，表现在制定定额的技术方法上，利用现代科学管理的成就，形成一套系统的、完整的、在实践中行之有效的方法；第三，表现在定额制定和贯彻的一体化。制定是为了提供贯彻的依据，贯彻是为了实现管理的目标，也是对定额的信息反馈。

工程建设定额科学性的约束条件主要是生产资料的公有制和社会主义市场经济。前者使定额超脱出资本主义条件下资本家赚取最大利润的局限；后者则使定额受到宏观和微观的两重检验。只有科学的定额才能使宏观调控得以顺利实现，才能适应市场运行机制的需要。

2. 系统性

工程建设定额是相对独立的系统，它是由多种定额结合而成的有机整体，其结构复杂、层次分明、分工有序，具有明确的目标。

工程建设定额的系统性是由工程建设的特点决定的。按照系统论的观点，工程建设就是庞大的实体系统，也就是说工程建设具有系统性。工程建设定额是为这个实体系统服务的。因而工程建设本身的多种类、多层次就决定了以它为服务对象的工程建设定额的多种类、多层次。从整个国民经济来看,进行固定资产生产和再生产的工程建设,是一个由多项工程集合而成的整体,其中包括农林水利、轻纺、机械、煤炭、电力、石油、冶金、化工、建材工业、交通运输、邮电工程,以及商业物资、科学教育、卫生体育、社会福利和住宅工程,等等。这些工程的建设都有严格的项目划分,如建设项目、单项工程、单位工程、分部分项工程;在计划和实施过程中有严密的逻辑阶段,如规划、可行性研究、设计、施工、竣工验收、交付使用,以及投入使用后的维修。与此相适应必然形成工程建设定额的多种类、多层次。

3. 统一性

工程建设定额的统一性,主要是由国家对经济发展有计划的宏观调控职能决定的。为了使国民经济按照既定的目标发展,就需要借助于某些标准、定额、参数等,对工程建设进行规划、组织、调节、控制。而这些标准、定额、参数必须在一定的范围内是一种统一的尺度,才能实现上述职能,才能利用它对项目的决策、设计方案、投标报价、成本控制进行比选和评价。

工程建设定额的统一性按照其影响力和执行范围来看,有全国统一定额、地区统一定额和行业统一定额等;按照定额的制定、颁布和贯彻使用来看,有统一的程序、统一的原则、统一的要求和统一的用途。

在生产资料私有制的条件下,定额的统一性是很难想象的,充其量也只是工程量计算规则的统一和信息提供。我国工程建设定额的统一性和工程建设本身的巨大投入与巨大产出有关。它对国民经济的影响不仅表现在投资的总规模和全部建设项目的投资效益等方面,而且往往还表现在具体建设项目的投资数额及其投资效益方面。因而需要借助统一的工程建设定额进行社会监督。这一点和工业生产、农业生产中的工时定额、原材料定额也是不同的。

4. 权威性

工程建设定额具有很大权威,这种权威在一些情况下具有经济法规性质。权威性反映统一的意志和统一的要求,也反映信誉和信赖程度以及定额的严肃性。

定额的科学性是工程建设定额的权威性的客观基础,只有科学的定额才具有权威。但是在社会主义市场经济条件下,它必然涉及各有关方面的经济关系和利益关系。赋予工程建设定额以一定的权威性,就意味着在规定的范围内,对于定额的使用者和执行者来说,不论主观上愿意不愿意,都必须执行定额的规定。在当前市场不规范的情况下,赋予工程建设定额以权威性是十分重要的。但是在竞争机制引入工程建设的情况下,定额的水平必然会受市场供求状况的影响,从而在执行中可能产生定额水平的浮动。

应该指出的是,在社会主义市场经济条件下,对定额的权威性不应该绝对化。定额毕竟是主观对客观的反映,定额的科学性会受到人们认识局限性的束缚。与此相关,定额的权威性也就会受到削弱并迎来新的挑战。更为重要的是,随着投资体制的改革和投资主体多元化格局的形成,随着企业经营机制的转变,它们都可以根据市场的变化和自身的情况,自主地调整自己的决策行为。因此在这里,一些与经营决策有关的工程建设定额的权威性特征就弱化了。

5. 稳定性与时效性

工程建设定额中的任何一种都是一定时期技术发展水平和管理水平的反映,因而在一段时间内都表现出稳定的状态。稳定的时间有长有短,一般在 5 年至 10 年之间。保持定额的稳定性是维护定额的权威性所必需的,更是有效地贯彻定额所必需的。如果某种定额经常处于修改变动之中,那么必然造成执行中的困难和混乱,使人们感到没有必要去认真对待它,很容易导致定额权威性的丧失。工程建设定额的不稳定也会给定额的编制工作带来极大困难。但是工程建设定额的稳定性是相对的。随着社会的进步、生产力水平的提高,定额就会与已经发展了的生产力不相适应。这样,它原有的作用就会逐步减弱以至消失,需要重新编制或修订。从短期看,定额是稳定的,而从长期看,定额则是变化的。

第三节　工程建设定额的编制与管理

一、工程定额编制的依据和原则

1. 工程定额编制的依据

(1)法律法规,主要是国家的有关法律、法规,以及政府的价格政策。

(2)劳动制度,包括工人技术等级标准、工资标准、工资奖励制度、8 小时工作日制度、劳动保护制度等。

(3)各种规范、规程、标准,包括现行的设计规范、质量及验收规范、施工技术规范、技术操作规程、安全操作规程、标准设计图集等。

(4)技术资料、测定和统计资料,包括典型工程施工图、正常施工条件、机械装备程度、常用施工方法、施工工艺、劳动组织、技术测定数据、定额统计资料等。

2. 制定工程定额的基本原则

工程定额质量的高低直接决定了能否充分发挥其在施工组织和按劳分配方面的双重作用。而工程定额质量的高低又取决于工程定额水平、内容和结构形式是否反映了当时的施工生产组织条件和施工生产水平,是否能适应社会生产力的需要。因此,为了保证工程定额的质量和合理先进性,在制定工程定额时必须遵循以下原则:

(1)技术先进、经济合理的原则。技术先进是指定额项目的确定、施工方法和材料的选择等,能够正确反映建筑技术水平,及时采用已经成熟并得到普遍推广的新技术、新材料、新工艺,以促进生产的提高和建筑技术水平的进一步发展。经济合理是指纳入工程定额的材料规格、质量、数量、劳动效率和施工机械的配备等要符合经济合理的要求。

(2)结构形式简明适用的原则。简明适用是指定额结构合理,定额步距大小适当,文字通俗易懂,计算方法简便,易于掌握运用,具有多方面的适用性,能在较大范围内满足不同情况、不同用途的需要。

(3)专群结合,以专为主的原则。专群结合是指专职人员必须要与工人群众相结合,注意走群众路线。

另外,工程定额的编制工作量很大,工作周期很长,技术性复杂,政策性很强,必须有一支经验丰富、技术与管理知识全面、有一定政策水平的专业人员队伍,负责协调指挥,掌握政策,制订方案,调查研究、组织技术测定和工程定额的颁发执行等工作。

二、工程定额编制的步骤

工程定额编制的基本步骤为:建立编制机构、收集资料→制定定额编制方案,拟定定额的适用范围→拟定定额的结构形式→定额的制定→确定定额水平→定额水平的测算对比。

1. 建立编制的组织机构,收集有关编制依据资料

按照具体定额,确定定额编制的机构,收集资料。收集资料是定额编制的一个重点,但是

收集要有目的性。

2. 制定定额编制方案,拟定定额的适用范围

定额编制方案就是对编制过程中一系列重要问题做出原则性的规定,并据此指导定额编制工作的全过程。

制定定额首先要拟定其适用范围,使之与一定的生产力水平相适应。定额适用范围一般是某个地区、某个专业、企业内部或者工程投标报价。

3. 拟定定额的结构形式

定额的结构形式是指定额项目的划分、章节的编排等的具体形式。定额的结构形式要求简明适用,编制工程定额时应全面加以贯彻。当二者发生矛盾时,定额的简明性要服从于适应性的要求。坚持简明适用原则,主要是满足以下五个要求。

1)定额章、节的编排要方便基层单位使用

定额章、节的编排、划分的合理性,关系到定额的使用是否方便。因此,定额章、节的编排是拟定定额结构形式的一项重要工作。

(1)章的划分。

章的划分通常有以下几种:

①按不同的分部划分,例如装饰工程可以按不同分部划分为楼地面、墙柱面、天棚、门窗、油漆、涂料等。

②按不同工种和劳动对象划分,例如建筑工程可以按工种活劳动对象划分为土石方、砌筑、脚手架、混凝土以及钢筋混凝土、门窗、抹灰、装饰等。

(2)节的划分。

节的划分通常有以下几种:

①按不同的材料划分,例如抹灰工程可以按不同材料划分为石灰砂浆、水泥砂浆、混合砂浆等。

②按分部分项工程划分,例如现浇构件可以按分部分项工程的工效不同划分为基础、地面、柱、梁、墙、板等。

③按不同构造划分,例如屋面防水可以按构造划分为柔性防水层、刚性防水层、瓦屋面、薄钢板屋面等。

上述章节的划分方法是常用的方法,在定额编制过程中还需结合具体情况而定。

(3)章节的编排

定额章节的编排还必须包括涵盖工程内容、质量要求、劳动组织、操作方法、使用机具以及有关规定的文字说明。

定额中的文字说明要简单明了,每种定额应有"总说明",将两章以及两章以上的共性问题编写在"总说明"中;每章应有"章说明",将两节及两节以上的共性问题编写在"章说明"中;每节的文字说明一般包括工作内容、操作方法和有关规定等。

2)项目划分应合理

定额项目是定额结构形式的主要部分,项目划分合理包括两个方面:一是定额项目齐全;二是定额项目划分粗细恰当,这是定额结构形式简明适用的核心问题。

(1)定额项目齐全的要求。定额项目是否齐全关系到定额适用范围的大小。所谓"齐全",是指在施工过程中主要的、常有的施工活动,都能够直接反映在工程定额项目中。

（2）定额项目划分粗细恰当的要求。项目划分粗细是否恰当关系到定额的使用价值，项目划分过粗或过细都会带来一定的负面影响。一般说来，项目划分应从编制施工作业计划、签发施工任务书、计算工人劳动报酬等需要出发，以工种分部分项工程为基础，妥善处理好粗与细、繁与简、单项与综合、工序与项目的关系，使项目划分粗细适当。

划分定额项目要充分体现施工技术和生产力水平，其具体划分方法主要有以下几种：

①按机具和机械施工方法划分。不同的施工方法对定额的水平影响较大，比如手工操作与机械操作的工效差别很大。因此，项目划分时要根据手工操作和使用机具情况划分为手工、机械和部分机械定额项目。

②按产品的结构特征和繁简程度划分。在施工内容上属于同一类型的施工过程，由于工程结构的繁简程度和几何尺寸不同，对定额水平仍有较大影响。所以要根据产品的结构特征、复杂程度及几何尺寸的大小划分定额项目。如现浇混凝土设备基础模板的制作安装，就需要根据其复杂程度和几何尺寸的大小，划分为一般的、复杂的、体积在多少立方米以内的或多少立方米以上的项目。

③按工程质量的不同要求划分。不同的工程质量要求，其单位产品的工时消耗也有较大差别。例如，砖墙面抹石灰砂浆，按施工及质量验收规范规定，不同等级有不同抹灰遍数的质量要求。因此，可以按高级、中级、普通抹灰质量要求分别划分定额项目。

④按使用的材料划分。完成某一产品所使用的材料不同，对定额水平的影响也很大。如不同材质、不同管径的各种管材，对管道安装的工效影响就很大。鉴于此，在划分管道安装项目时，则按不同材料的不同管径来划分项目。

除上述方法外，还有很多划分方法，如土的分类，工作物的长度、宽度、直径，设备的型号、容量大小等划分方法。总的原则就是以工效的差别来划分项目。

3）步距大小适当

所谓步距，是指同类型产品（或同类工作过程）相邻概算定额项目之间的水平间距。如砌筑砖墙的一组定额，其步距可以按砖墙厚度分为 1/4 砖墙、1/2 砖墙、3/4 砖墙、1 砖墙、1% 砖墙、2 砖墙等，这样，步距就保持在 1/4～1/2 墙厚之间。但也可以将步距适当扩大，保持在 1/2～1 砖墙厚。

步距大小要适当，步距大，定额项目就会减少，但定额水平的精确程度就会降低，会影响按劳分配，打击工人积极性；步距小，定额项目就会增加，定额水平的精确程度就会提高，但计算和管理都比较复杂，编制定额的工作量大，使用也不方便。一般来说，主要工种、主要项目、常用项目的步距要小一些；次要工种、工程量不大或不常用的项目，步距可以适当放大一些。

4）文字通俗易懂，计算方法简便

定额的文字说明、注释等应明白、清楚、简练、通俗易懂，名词术语应该是全国通用的。计算方法力求简化，易为群众掌握、运用。计量单位的选择应符合通用的原则，应能正确反映劳动力与材料的消耗量。定额项目的工程量单位要尽可能同产品的计量单位一致，便于组织施工、划分已完成工程、计算工程量、工人掌握运用。计量单位应采用公制和十进位或百进位制。

5）计量单位的确定

每一施工过程的结果都会得到一定的产品，该产品必须用一定的计量单位来表示。在许多情况下，一种产品可以采用几种计量单位。如砖砌体的计量单位可以用砌 1000 块砖、砌 1m² 砖墙或砌 1m³ 砖砌体来表示。所以在编制定额时，应首先确定项目的计量单位。

确定计量单位应遵循以下原则：

(1)能够准确、形象地反映产品的形态特征。

①凡物体的长、宽、高都发生变化时，应采用 m^3 为计量单位，如土石方、混凝土构件等项目。

②当物体厚度不变，长和宽发生变化，并引起面积发生变化时，宜采用 m^2 为计量单位，如地面面层、装饰抹灰等项目。

③物体截面形状及大小不变，但长度改变时，应以延长米为计量单位，如装饰线条、栏杆扶手、给水排水管道、导线铺设等项目。

④体积、面积相同，但质量和价格差异较大，应当以 kg 或 t 为计量单位，如金属结构的制作、运输、安装等。

⑤按个、组、套等自然计量单位计算，如洗脸盆、排水栓等项目。

(2)便于计算和验收工程量。例如，墙脚排水坡以 m^2 为计量单位，窗帘盒以 m 为计量单位，便于计算和验收工程量。

(3)计量单位的大小要适当。计量单位的选择既要做到方便使用，又能保证定额的精确度。例如，人工挖土方以 $10m^3$ 为单位，人工运土以 $100m^3$ 为单位，机械运土方以 $1000m^3$ 为单位。

(4)便于定额的综合。施工过程各组成部分的计量单位应尽可能相同，例如人工挖土方，其组成部分的人工挖方、人工运土、人工回填土项目都应以 m^3 为单位，便于定额的综合。

(5)必须采用国家法定的计量单位。定额中计量单位的名称和书写都应采用国家法定的计量单位。

4.制定定额

制定定额是指在已收集资料的基础上，定额编制机构和编制人员在定额的适用范围内按照拟定定额的结构形式合理有序地制定定额。定额编制的基本理论是对工作进行研究，即对工作进行分析、设计和管理，从而最大限度地节约工作时间，提高工作效率，并实现工作的科学化、标准化和规范化。

1)工时研究

工时研究就是工作时间研究，即将工人或施工机械在整个生产过程中所消耗的工作时间，根据其性质、范围和具体情况，予以科学地划分、归纳，以充分利用工作时间，提高劳动效率。这是技术测定的基本步骤和内容之一，也是编制劳动定额的基础工作。工时研究包括动作研究和时间研究两部分。

2)施工过程研究

(1)施工过程的概念。

施工过程就是在施工现场所进行的生产过程。施工过程可大可小，大到一个建设项目，小到一个工序，最终目的是要建造、扩建、修复或拆除工业及民用建筑物和构筑物的全部或其中一部分。砌筑墙体、粉刷墙体、安装门窗、敷设管道等都是施工过程。

(2)施工过程的分类。

按不同的分类标准，施工过程可以分成不同的类型。

①按施工的性质不同，可分为建筑过程和安装过程。

②按施工过程的完成方法不同，可分为手工操作过程(手动过程)、机械化过程(机动过程)和机手并动过程(半机械化过程)。

③按施工劳动分工的特点不同,可分为个人完成的过程、工人班组完成的过程和施工队完成的过程。

④按施工过程组织上的复杂程度,可分为工序、工作过程和综合工作过程。

3)工程定额的编制方法

工程定额的编制方法主要有技术测定法、经验估计法、统计计算法及比较类推法等。

5. 确定定额水平

定额水平主要反映在产品质量与原材料消耗量、生产技术水平与施工工艺先进性、劳动组织合理性与人工消耗量等方面。定额水平的确定是一项复杂细致的工作,具有较强的技术性,要先做好有关定额水平的资料收集、整理和分析工作,弄清楚定额水平的各种影响因素。

1)收集定额水平资料

收集定额水平资料是确定定额水平的一项基础性工作。该项工作要充分发挥定额专业人员的作用,积极做好技术测定工作。无论是编制企业定额还是补充定额,都应以技术测定资料作为确定定额水平的重要依据,另外还应收集在施工过程中实际完成情况的统计资料和实践经验资料。为了保证准确性,统计资料应在生产条件比较正常、产品和任务比较稳定、原始记录和统计工作比较健全以及重视科学管理和劳动考核的施工队组或施工项目上收集。

经验估计资料要建立在深入细致调查研究的基础上,要广泛征求有实践经验人员的意见。为了提高经验资料的可靠程度,可将初步收集来的经验资料通过讨论分析、反复征求意见,使经验资料有足够的代表性。收集定额水平资料时应注意资料的准确性、完整性和代表性。

2)分析采用定额水平资料

用上述方法收集到的资料,由于受多种因素的影响,难免存在一定的局限性。因此,对收集到的资料,首先要进行分析,选用工作内容齐全,施工条件正常,各种影响因素清楚,产品数量、质量及工料消耗数据可靠的资料进行加工整理,作为确定定额水平的依据。

3)确定定额水平

定额水平的确定要从两个方面考虑,一是根据企业的生产力水平确定定额水平,二是根据定额的作用范围确定定额水平。

定额水平的确定既要坚持平均水平或平均先进水平的原则,又要处理好数量与质量的关系。各种定额应该以现行的工程质量验收规范为质量标准,在达到质量标准的前提下确定定额水平。确定定额水平还应考虑工人的安全生产和身心健康,对有害身体健康的工作应该减少作业时间。

根据作用范围确定定额水平是指编制行业定额用以指导整个行业时,应以该行业的平均水平作为定额水平;编制地区定额用于指导某一地区时,应以该地区该行业的平均水平作为定额水平;编制企业定额,应以该企业的平均先进水平作为定额水平。

6. 测算对比定额水平

为了将新编定额与现行定额进行对比,分析新编定额水平提高或降低的幅度,需要对定额水平进行测算。

由于定额项目很多,一般不进行逐项对比和测算。通常将定额章节中的主要常用项目进行对比。进行项目对比时,应注意所选项目的可比性。可比性是指两个对比项目的定额水平所反映的内容,包括工作内容、施工条件、计算口径是否一致。如果不一致,那么就没有可比性,其比较结果就不能反映定额水平变化的实际情况。定额水平的测算对比常采用单项水平对比和总体水平对比的方法。

1）单项水平对比

单项水平对比是指用新编定额选定的项目与现行定额对应的项目进行对比。其比值反映了新编定额水平比现行定额水平提高或降低的幅度，其计算公式为：

$$新编定额水平提高或降低的幅度 = \left(\frac{现行定额单项消耗量}{新编定额单项消耗量} - 1 \right) \times 100\%$$

定额水平越高其定额消耗量就越低，定额水平与消耗量成反比。

2）总体水平对比

总体水平对比是指用同一单位工程计算出的工程量，分别套用新编定额和现行定额的消耗量，计算出人工、材料、机械台班总消耗量后进行对比，从而分析新编定额水平比现行定额水平提高或降低的幅度。其计算公式为：

$$新编定额水平提高或降低的幅度 = \left(\frac{现行定额分析的单位消耗量}{新编定额分析的单位消耗量} - 1 \right) \times 100\%$$

三、工程定额管理

1. 工程定额管理的任务

（1）深化工程定额改革，协调工程建设中各方面的经济利益关系。工程定额管理可以按制造成本法调整建筑安装工程费用项目的划分；依据《关于调整建筑安装工程费用组成的若干规定》，规范建筑安装工程成本费用项目；按照量价分离和工程实体性消耗与施工措施消耗相分离的原则，对计价定额进行改革，实行国家宏观控制与放开调整权相结合的管理方式；针对当前价格、汇利率、税率等不断变动的实际情况，实行动态管理，提高工程造价的准确性；推广采用差别费率和差别利润率，促进企业间的平等竞争；鼓励企业逐步做到按工程个别成本报价，提高企业的竞争能力。

工程建设中的有关各方面，是指国家、建设单位、施工企业和生产个人。在社会主义市场经济条件下，工程定额管理的任务是本着实事求是和公平、公正、合理，不偏向任何一方面的态度，利用各种定额手段协调各方主体的经济利益，处理好国家、集体、企业、个人的经济利益关系，逐步完善市场机制下的分配关系。

（2）节约社会劳动。节约社会劳动是合理利用资源和资金的一个极重要方面，是提高投资效益的标志和主要途径。我国工程建设普遍存在着投资效益低、浪费严重的问题。节约社会劳动，不仅会给一个项目或一个企业带来经济效益，而且从宏观上给国民经济的发展带来积极影响。同时，节约社会劳动也意味着投资效益的提高。

2. 工程定额管理的内容

工程定额管理实际上就是利用定额来合理安排和使用人力、物力、财力以及时间的所有管理活动的集合，是经济管理中基础性工作的管理。它的主要内容是科学地制定有关法规和制度，及时地制定定额编制和修订计划，组织编制和修订，收集、整理和发布定额信息，组织和检查定额的执行情况，分析定额完成情况和存在的问题，及时获取反馈信息。这些管理内容涵盖了宏观层次和微观层次。

工程定额种类繁多，但从共性上看，工程定额管理内容包括三个方面，即定额的编制修订、定额的贯彻执行和信息反馈。从市场的信息流程来看，定额管理的内容主要是信息的采集、加工和传递、反馈的过程,信息流程如图 1-5 所示。

图 1-5　信息流程图

工程定额管理具体包括以下内容:

(1)制定定额的编制计划和编制方案。

(2)积累、收集、分析、整理基础资料。

(3)编制(修订)定额。

(4)定额的适用及报批。

(5)整理、测定定额水平。

(6)审批、发行定额。

(7)组织征询有关各界对新定额的意见与建议。

(8)整理和分析意见、建议,诊断新编定额中存在的问题。

(9)对新编定额进行必要的调整与修改。

(10)组织新定额交底和一定范围内的宣传、解释与答疑。

(11)从各方面为新定额的贯彻执行创造条件,积极推行新定额。

(12)监督和检查定额的执行,支持定额纠纷的仲裁。

(13)收集、储存定额执行情况和反馈信息。

上述管理内容之间,既相互联系又相互制约。它们的顺序也大体反映了管理工作的程序,工程定额管理流程如图 1-6 所示。

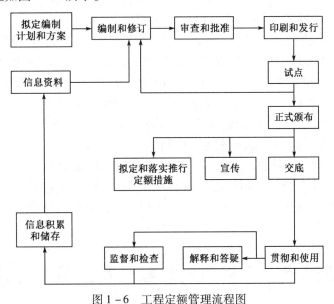

图 1-6　工程定额管理流程图

3. 工程定额管理的机构

我国工程定额管理机构是适应国家大规模经济建设的发展而逐步建立并健全起来的,从管理权限的划分来看,住房与城乡建设部标准定额司是对口领导机构,主要负责制定和颁发有关工程定额的政策、制度、发展规划;住房与城乡建设部标准定额研究所是部属专业研究机构,主要负责工程定额基础理论和现代化管理方法、手段的研究与推广运用;省、自治区、直辖市和国务院行业主管部的定额管理机构在其管理范围内各自行使自己的定额管理职能;省辖市和地区的定额管理机构接受上级定额机构的指导,在所辖地区的范围内执行定额管理职能,为编制全国统一定额提供基础资料,如统计资料、测定资料、调查资料等,收集定额执行情况,分析研究定额中存在的问题,提出改进和解决措施,组织专业人员培训和考核,指导下属定额机构的业务工作。

4.工程定额管理的现状及发展方向

1)工程定额管理的现状

(1)更新周期较长。工程定额更新相对滞后,需要 3~5 年时间。在这一过程中,施工技术会发生日新月异的改进,市场条件也会不断变化,这会在一定程度上影响工程造价的准确性。

(2)与造价管理联系不紧密。工程定额站与施工、设计、监理、建设等单位之间的交流较少,影响工程定额管理水平的提升。

(3)企业定额制定存在难度。企业定额的内容和水平要随着企业的发展进行修改、调整和更新,所以企业定额的编制需要投入较高的成本。目前,企业对企业定额的编制重视程度不高,编制难度较大;当前企业定额的编制很大程度上依赖地方定额,没有脱离地方定额的模式;而且,随着施工技术的不断进步以及运输过程中存在的施工机械消耗工时的确定复杂化,致使企业定额的制定存在较大的难度,从而不能在投标过程中拥有很强的竞争力。

2)工程定额管理的发展方向

(1)引导制定企业定额。企业定额就是将定额项目的消耗量与价格信息交由企业根据自身水平去反映。企业定额的项目划分和计算规则可以参考政府定额,政府定额只起标准规范的作用。由于技术力量和工作重心等原因,许多企业并没有建立本企业定额的动力和愿望,因此,管理部门应积极引导各企业研究制定自己的企业定额。

(2)定额管理与造价管理要结合。建筑工程定额管理工作是工程造价管理的基础,工程造价管理工作贯穿项目从决策到竣工验收的全过程,在各阶段的造价管理和控制过程中,要善于发现定额的不足之处,在动态管理中不断补充完善定额和费用标准,使造价管理工作行之有效。

(3)建立信息交流平台。目前,相对静态的工程造价管理难以应对复杂和激烈的市场;滞后的数据信息管理也阻碍着工程造价动态控制的进程,数据资料由少数人掌握,并且没有进行归类和信息化处理,因而得不到及时和充分的利用。建立工程造价信息平台,将信息进行分类和共享,才能有效实现定额管理动态化,才能符合工程建设的需要。

(4)重视造价师事务所的作用。造价师事务所不但可以完成相当一部分的造价工作,而且其专业性和针对性也有助于全面真实地收集工程造价方面的信息和数据资料,有利于对工程定额进行动态管理。

第四节　工程建设定额计价的基本方法

一、工程建设定额计价的基本程序

在我国,长期以来在工程价格形成中采用定额计价模式,即按预算定额规定的分部分项子目,逐项计算工程量,套用预算定额单价(或单位估价表)确定分部分项工程费,然后按规定的取费标准确定措施费、企业管理费、规费、利润和税金,加上人工、材料调差和适当的不可预见费,经汇总后即为单位工程预算或标底,而标底则作为评标定标的主要依据。以定额单价法确定工程造价,是我国采用的一种与计划经济相适应的工程造价管理制度。定额计价实际上是国家通过颁布统一的估算指标、概算指标,以及概算、预算和有关定额,来对建筑产品价格进行有计划的管理。国家以假定的建筑安装产品为对象,制定统一的预算和概算定额。计算出每一单元子项的费用后,再综合形成整个工程的价格。

从上述定额计价过程可以看出,编制建设工程造价最基本的过程有两个:工程量计算和工程计价。为统一口径,工程量的计算均按照统一的项目划分和工程量计算规则计算。工程量确定以后,就可以按照一定的方法确定出工程的成本及利润,最终就可以确定出工程预算造价。定额计价方法的特点就是一个量与价结合的问题。可以用公式来进一步表明在确定建筑产品价格时定额计价的基本方法和程序:

(1)定额基价 = 人工费 + 材料费 + 机械费

其中　　　　　　　　　人工费 = ∑(人工工日数量 × 人工日工资标准)

材料费 = ∑(材料用量 × 材料预算价格)

机械费 = ∑(机械台班用量 × 台班单价)

(2)分项工程费 = 假定建筑产品工程量 × 基价

(3)分部工程费 = ∑分项工程费

(4)单位工程费 = ∑分部工程费 + 措施费

(5)单位工程造价 = 单位工程费 + 企业管理费 + 规费 + 利润 + 税金

(6)单项工程造价 = ∑单位工程造价 + 设备、工器具购置费 + 工程建设其他费

(7)建设项目全部工程造价 = ∑单项工程造价 + 预备费 + 建设其贷款利息 + 固定资产投资方向调节税

二、定额消耗量在工程计价中的作用

1. 定额消耗量及其存在的必要性

所谓定额消耗量,是指在施工企业科学组织施工生产和合理使用资源的条件下,规定消耗在单位假定建筑产品上的劳动、材料和机械的数量标准。

假定建筑产品即工程基本构造要素,就是分项工程或结构构件。从现行概预算定额中分离出来的定额中的资源消耗量,是经过科学测定的量化标准。它是国家宏观调控,进行资源要素合理配置的重要工具和手段,也是施工企业通过施工活动,保证产品质量,合理计算建筑产品价值量的重要参考。在市场经济条件下,定额消耗量作为概预算计价的重要基础依据,显得特别重要,其必要性体现在以下三方面:

(1)它是市场经济规律的客观要求。在市场经济规律(即价值规律、供求规律、竞争规律)作用下的商品交易中,商品是按照等价交换原则进行交换的,所谓等价交换,就是要求商品按价值量进行交换。建筑产品作为一种特殊商品,在生产和交换过程中,其价值量是由社会必要劳动时间决定的,社会必要劳动时间所形成的价值,指的是社会价值而不是个别价值。人工、材料和机械为主要内容的定额消耗量标准就是建筑产品形成市场等价交换的基础,也是把个别价值转化为社会平均价值才能进入商品生产和交换的必由之路。当然商品的等价交换也必然受到供求规律和市场竞争规律的制约。

（2）它是资源合理配置的必然要求。建筑产品的生产过程是以消耗大量的物质资源为基础的,它是以自然资源为劳动对象,经过劳动加工,改变自然资源本来的物质形态,为社会提供具有使用价值与价值的社会生产活动。在国家自然资源并不丰富的社会化大生产中,节约与合理利用自然资源建造出优质的建筑产品是人们普遍关心的问题,更是国家宏观调控下对资源配置起基础性作用的客观要求。制定出的定额消耗量标准,是度量产品生产与产品消费数量关系的必然要求,是衡量劳动成果和企业生产成本、费用和效益的重要手段。建筑产品生产的技术经济特点决定了必须把定额量作为资源的消耗标准。

（3）它是提高劳动生产率的需要。社会主义初级阶段的根本任务是发展社会生产力。提高人们征服自然、改造自然的能力,是发展生产力和提高施工生产的劳动效率、尽快实现两个根本性转变,特别是经济增长方式转变的关键所在。转变经济增长方式必须以提高劳动生产率为前提。实行以定额消耗量所规定的标准作为计算劳动者报酬的尺度,对提高劳动生产率有重要意义。因此,改革现行概预算定额,强调定额消耗量是工程计价的基础依据,也是社会生产方式发展到现阶段的一种必然要求。

2.定额消耗量在工程计价中的作用

作为计价的重要基础和依据的定额消耗量,在工程计价中的作用主要表现在以下五个方面:

（1）定额消耗量是编制工程概预算时确定和计算单位产品实物消耗量的重要依据,同时也是控制投资和合理计算建筑产品价格的基础。

（2）定额消耗量是工程项目设计采用新材料、新工艺,实现资源要素合理配置,进行方案技术经济比较与分析的依据。

（3）定额消耗量是确定以编制概预算为前提的招标标底价与投标报价的基础。

（4）定额消耗量是进行项目建设竣工结算的依据。

（5）定额消耗量是施工企业降低成本费用,节约非生产性费用支出,提高经济效益,进行经济核算和经济活动分析的依据。

思 考 题

1.什么是定额? 什么是工程建设定额?

2.什么是定额水平? 定额水平高低意味着什么?

3.泰勒制的核心是什么?

4.定额在经济生活中的地位是什么?

5.工程建设定额在我国社会主义市场经济条件下的作用是什么?

6.为什么说定额是市场经济的产物,它随着市场经济的发展而发展?

7.定额的特性是什么?

8.工程建设定额是按什么进行分类的? 各分为哪几类?

9.定额中最基础性的定额是什么? 哪些定额属于计价性定额? 计价性定额中最基础性的定额是什么?

10.简述定额计价的程序和方法。

自测题(一)

一、单项选择题

1. 定额权威性的客观基础是定额的( )。
   A 科学性   B 统一性   C 系统性   D 稳定性

2. 施工定额属于( )性质。
   A 计价性定额   B 生产性定额   C 通用性定额   D 计划性定额

3. 所有定额中最基础定额是( )。
   A 施工定额   B 预算定额   C 概算定额   D 概算指标

4. 工程建设定额是同多种类、多层次定额结合而成的有机整体,其结构复杂、层次鲜明、目标明确。这体现了工程建设定额的( )特点。
   A 统一性   B 科学性   C 稳定性   D 系统性

5. 以下说法中错误的是( )。
   A 定额与市场经济的共融性是与生俱来的
   B 定额有利于建筑市场公平竞争
   C 定额是对市场行为的规范
   D 定额是市场计划的产物,随着市场经济的建立,定额将逐渐走向消亡

6. 概算定额在( )基础上编制的。
   A 预算定额   B 劳动定额   C 施工定额   D 概算指标

7. 在下列各种定额中,不属于工程造价计价定额的是( )。
   A 预算定额   B 施工定额   C 概算定额   D 费用定额

8. 下列不属于定额作用的是( )。
   A 编制计划   B 确定产品成本   C 总结先进生产方法   D 确定施工方法

9. 定额不是一成不变的,而是随着( )的变化而变化。
   A 体制改革   B 不同阶段   C 生产关系   D 生产力水平

10. 以下内容非"泰勒制"核心的是( )。
    A 制定科学的工时定额   B 应用科学技术的最新成果
    C 实行标准的操作方法   D 实行有差别的计算工资制

二、多项选择题

1. 按照定额的编制程序和用途分类,工程建设定额有( )。
   A 施工定额   B 劳动定额   C 预算定额和概算定额
   D 概算指标和投资估算指标   E 补充定额

2. 按编制单位和执行范围不同分类,工程建设定额可分为( )。
   A 通用定额   B 全国统一定额   C 行业通过定额
   D 行业统一定额   E 专业专用定额

3. 按定额构成的生产要素分类,可以把定额分为( )。
   A 建筑工程定额   B 设备安装工程定额   C 人工消耗定额

D 机械台班消耗定额　　　　　　E 材料消耗定额

4.定额的特征有(　　)。

A 结合性　　　　　　　　B 真实性和科学性　　　　　　C 相对稳定性和时效性

D 权威性　　　　　　　　E 系统性和统一性

5.工程建设定额是指在工作建设中单位产品上(　　　)消耗的规定定额度。

A 人工　　　　　　　　　B 材料　　　　　　　　　　　C 机械台班

D 资金　　　　　　　　　E　费用

第二章　工作研究与施工定额

工程建设中消耗的生产要素,可分为两类:一类是以工作时间计量的活劳动的消耗,一类是各种物质资料和资源的消耗。工作研究和定额的制订、推行有着密切的关系。从总体概念来说,工时和机时定额的制订与贯彻就是工作研究的内容,是工作研究在生产和管理中的具体运用。

第一节　工作研究在施工中的应用

一、工作研究的概念及基本原理

1.工作研究的概念

工作研究是指运用系统分析的方法,遵循科学的步骤,在一定的生产技术和组织条件下,把工作中不合理、不经济混乱的因素排除,寻求达到生产效率最高且成本最低的更经济更容易的有关工作方法的一种研究工作。

工作研究是企业科学管理的一项重要的基础工作,而且是制定科学合理又先进的劳动定额的基础。

从某种意义上来说,人类在生存发展过程中,一直都在自觉不自觉地进行工作研究,并对工作研究的更高级形式——工具的改进和发明,以及工作过程管理进行研究,进而使人类的生产能力和生产率不断提高。在一百年前随着西方资本主义国家工业化进程加快,出现了以美国人泰勒为代表人物的"古典科学管理理论",其代表作为《科学管理原理》。

泰勒的科学管理的内容概括起来主要有5条:工作定额原理、能力与工作相适应原理、标准化原理、差别计件付酬制、计划和执行相分原理。泰勒认为,为了发掘工人们劳动生产率的潜力,首先应该进行时间和动作的研究。所谓时间研究,就是研究人们在工作期间各种活动的时间构成,它包括工作日写实与测时。所谓动作研究,是研究工人干活时动作的合理性,即研究工人在干活时,其身体各部位的动作,经过比较、分析之后,去掉多余的动作,改善必要的动作,从而减少人的疲劳,提高劳动生产率。所谓能力与工作相适应原理,即主张一改工人挑选工作的传统,而坚持以工作挑选工人,每一个岗位都挑选第一流的工人,以确保较高的工作效率。他开创了工作研究的科学管理方法,其科学管理思想及其方法在管理史上具有划时代的意义。

2.工作研究的基本原理

工作研究的基本目标是避免浪费,包括时间、人力、物料、资金等多种形式的浪费。通过消除不必要的劳动消耗、不合理的操作动作,达到简化工作内容,改进工作方法,寻求最佳作业方法,以求不断提高劳动生产率。

工作研究要解决的基本问题是:在完成一项工作时,总存在如何确定一种更好的、可行的方法问题,以及如何确定人们所需花费的工作时间能够有助于提高工作效率和劳动生产率问题。工作研究所包含的动作研究和时间研究技术恰恰能够解决这个问题,而且动作和时间研究还可以提供各种工具,用以确定工作目标,制定达到目标的计划方案和工作负荷,确定所需资源以及控制工作的完成时间,并将实际完成的情况与原计划比较,做出必要的评价。研究施工中的工作时间,最主要的目的是确定施工的时间定额或产量定额,亦称为确定时间标准。动作研究在施工生产中的具体运用就是施工过程的研究。

工作研究所包括的方法技术,主要有两大类:动作研究(也称工作方法研究)与时间研究。动作研究是时间研究的基础,是制定工作标准的前提。动作研究和时间研究二者相互联系不可分割。

1)动作研究

动作研究也称为工作方法研究,主要通过对现行工作方法的过程和动作进行分析,从中发现不合理的动作或过程并加以改善,一般包括生产系统分析、工作方法分析、动作分析三部分。

(1)生产系统分析,也就是广义的"工程分析"。如何进行方法研究,首先应从施工现场的工作系统来探讨。对于劳动对象(建筑材料、半成品、构配件)应经由施工过程,经由时间、空间的变化,做逐一的分析研究。可使用产品工程分析表、生产流程图等分析工具,从原料到成品,来做经济性的探讨。

(2)工作方法分析,也就是广义的"作业分析"。人是生产的主体,对生产主体(劳动者)的作业过程,在劳动对象上进行的各项操作、动作等做分析研究。也就是说"工作方法分析"可针对劳动者的作业规范、工作抽样、基本动作,通过 PTS 或影片进行分析,或应用"动作经济原则"在施工作业过程中,针对劳动者和劳动对象的移动状况,进行二者配合上的合理性分析,追求作业地区或作业者的作业方法的合乎目的性。

(3)动作分析,是由吉尔布雷斯(Gilbreth)夫妇首创的。他们分析了砌砖动作,把原来砌 1 块砖所需的 18 个动作,减少 5 个,劳动生产率则由人时砌砖 120 块提高到 350 块。

我们可把生产活动工序细分成许多操作,而操作又可细分为许多动作。动作分析就是对生产过程中的每道工序、每个操作、每个动作进行分析以及找出哪些是不合理的,并设法消除,从而提高劳动生产率。

(4)动作研究(工作方法研究)实施步骤。

通过使用方法研究的技巧,以期解决问题的原则性步骤:

①选择问题,并将问题的目的明确化。问题的选择可来自三种情况:一是利用现有的资料,整理出问题点,并把握原因;二是将来可能发生的问题并预测潜在的原因;三是认定应该解决的问题。根据选定的问题对期望的成果(目标)予以设定。

②设定理想方法。应认清目的与手段的关系之后,再去抓住要达成最终目的的最经济手段是什么,也就是说在步骤 2 里,尽量避免现行方法的影响,应思考如何对于所选定问题的理想方法。

③现状分析。将选定的问题,使用一定的技巧来加以直接观察,并做成数据的分析。

④比较分析结果。将第 3 个步骤的现状分析与步骤 2 设定的理想方法作比较,可使现状与理想的方法的差异明确化,在此可使用"5W1H"法加以探讨。

WHAT:做什么? 有必要吗?

WHY:为何要做? 目的在哪里?

WHERE:哪里做? 没有更适合的场所吗?

WHEN：何时做？时间是否适当？

WHO：谁做？有没有更合适的人？

HOW：如何做？有没有更好的方法？

⑤改良方法设计。经过探讨的整理之后，考虑现在或将来或许是企业的限制条件之外，来设计一个最佳的工作系统或方法。

⑥标准化及实施。改良方法，即为新的最佳方法，经过认可后，即做成作业标准书，并以此训练、教导员工执行新的工作方法，新的工作方法也应该给以新的标准时间。

2）时间研究

时间研究也称为时间衡量，时间研究的主要内容是进行工作测定和设定动作标准。而工作测定结果又是选择和比较工作方法的依据，也是制定标准作业和标准时间的前提。

这种方法的主要用途是建立工作的时间标准，一项工作（由一个工人完成）可以分解成多个工作单元（或动作单元），在时间研究中，研究人员用秒表观察和测量一个训练有素的人员和正常发挥的条件下各个工作单元所花费的时间，这通常需要对一个动作观察多次，取其平均值。

二、施工过程及其分类

1. 施工过程的概念

施工过程就是在建筑工地范围内进行的生产过程，其最终目的是要建造、恢复、改建、移动或拆除工业与民用建筑物和构筑物的全部或一部分。例如，砌筑房屋墙体、修筑路面、敷设管道等都是施工过程。

建筑安装施工过程与其他物质生产过程一样，也包括一般所说的生产力三要素，即劳动者、劳动对象、劳动工具。也就是说，施工过程是由不同专业工种、不同技术等级的建筑安装工人（劳动者），并且必须借助一定的劳动工具，针对一定的劳动对象才能完成的。施工过程中劳动者、劳动对象、劳动工具、用具及其产品等的活动空间，称为工作地点。

每个施工过程的最终结果都将获得一定的建筑产品（工序、分项工程或结构构件）。该产品可能是改变了建筑材料、构配件等劳动对象的外表形态、内部结构或性质，也可能是改变了建筑材料、构配件等劳动对象的位置等。施工过程所获得产品的尺寸、形状、表面结构、空间位置、强度等质量因素，必须符合建筑和结构设计及现行技术规范要求。只有质量合格的产品所消耗工作时间才能计入施工过程的正常工时消耗。如何保证产品质量合格必须从生产力三要素入手。

劳动者（建筑安装工人）是施工过程中最基本的因素。建筑工人以其所担任的工作不同而分为不同的专业工种，如砌筑墙体的砖瓦工、支木模板的木工、搭设脚手架的架子工、绑扎钢筋混凝土需要钢筋工。建筑工人的专业工种和技术等级由国家颁发的《工人技术等级标准》规定。建筑工人技术等级按其所做工作的复杂程度、技术熟练程度、责任大小、劳动强度等确定。工人的技术等级越高，其技术熟练程度也越高。施工过程中的建筑工人必须是专业工种工人，其技术等级应与工作物（建筑施工中分项工程或建筑构件）的技术等级相适应，否则就会影响施工过程的正常工时消耗。

劳动对象是指施工过程中所使用的建筑材料、半成品、构件和配件等。建筑材料根据其在施工过程中的用途和作用，一般分为基本材料和辅助材料两大类。基本材料是指直接用于构成建筑产品实体的材料。辅助材料是指施工过程中消耗的材料，它不是建筑产品的组成部分，如油漆工用的砂纸、机械工作时用的各种油料等。施工过程中所使用的各种建筑材料、半成品、构配件等均应符合现行材料检验标准和设计要求。如果某一施工过程中使用的材料、半成品、构配件等不符合规定的要求而需要另行加工，其所需消耗时间不计入本施工过程的正常消耗时间。

劳动工具是施工过程中的工人用以改变劳动对象的手段。劳动工具可分为三大类：手动工具、小型机具和机械。机具与机械的不同点在于不设置床身，操作时拿在工人手里。有的简单机具没有发动机（如绞磨、千斤顶、滑轮组等），是用来改变作用力大小和方向的。在研究施工过程时，应把机具与机械加以区分。除了上述劳动工具以外，在许多施工过程中还要使用用具。用具是用来使劳动者、劳动对象、劳动工具和产品处于必要的位置上的，如电气安装工程使用的人字梯、木工使用的工作台、砖瓦工使用的灰浆槽等。在施工过程中必须配备各种必需劳动工具。

在施工过程中，有时还要借助自然或人为的作用使劳动对象发生物理和化学变化，如混凝土的养护、预应力钢筋的时效、石灰砂浆的气硬过程等。

2. 施工过程的组成

为了能够正确地制定出每一个施工过程所需要的工时消耗，必须对施工过程进行深入细致分析，对施工过程的组成部分——各个工序的必要性以及合理顺序进行确定。

从施工的组织设计和技术操作观点来看，工序是工艺方面最简单的施工过程，施工过程可分解为一个或多个工序，而如果从劳动过程的观点来看，工序还可进一步分解为更小的组成部分，工序又可分解为许多操作，而操作本身又由若干动作所组成，如图2-1所示。

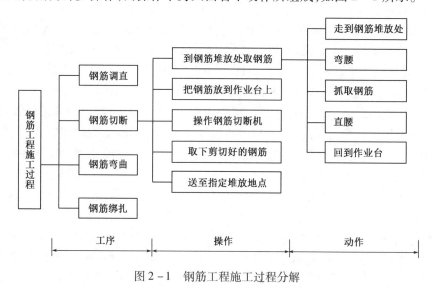

图2-1　钢筋工程施工过程分解

（1）工序，是指一个工人或一组工人在一个工作地上，对一定的劳动对象所完成的一切连续活动的总和。产品生产一般要经过若干道工序，如钢筋工程可分为调直钢筋、钢筋除锈、切断钢筋、弯曲钢筋、绑扎钢筋等几道主要工序。

（2）操作，指一种具有为一定目的而进行的活动，是由一个个动作组合而成；若干个操作组合而成一道工序。例如，"弯曲钢筋"工序包含了以下操作："把钢筋放在工作台上""对准位置旋紧旋钮""弯曲钢筋""放松旋钮""把弯好的钢筋放置在一边"。而"把钢筋放在工作台上"这个操作，又包含了以下动作："走向放钢筋处""拿起钢筋""返回工作台""把钢筋放在工作台上""把钢筋靠近支座立柱"。

（3）动作，指工人接触物件发生移动的举动，是由人体动作分解出来的许多动素组成的。对动素的研究亦称细微动作的研究，其目的：一是改善复杂的操作方法；二是训练工人，使其有动作的概念。

在编制施工定额时，工序是基本的施工过程，是主要的研究对象。测定定额时只需分解和标定到工序为止。如果进行某项先进技术或新技术的工时研究，就要分解到操作甚至动作为止，从中研究可加以改进操作或节约工时。

3.施工过程的分类

1）根据施工过程组织上的复杂程度分类

根据施工过程组织上的复杂程度，施工过程可以分解为工序、工作过程和综合工作过程三种类型，如图2-2所示。

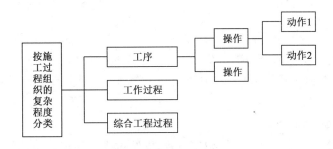

图2-2 按施工过程组织的复杂程度分类

（1）工序，是在组织上不可分割的，在操作技术上属于同类的施工过程。工序的主要特征是劳动者（工人）、工作地点、劳动对象和使用的劳动工具均不发生变化，在工作中如果其中一个发生变化，就意味着从一道工序转入另一道工序。工序可以按照完成人数分为个人工序和小组工序两类。由一个人来完成称为个人工序；由小组或施工队内的几名工人协同完成称为小组工序。

（2）工作过程，是由同一工人或同一小组所完成的在技术操作上相互有机联系的工序的总合体。其特点是人员编制不变，工作地点不变，而材料和工具则可以变换。例如，砌墙和勾缝，抹灰和粉刷。

（3）综合工作过程。综合工作过程是同时进行的，在组织上有机地联系在一起，几个在工艺上、操作上直接相关，并且最终能获得一种产品的施工过程的总和。例如，混凝土结构构件的综合施工过程，是由浇捣工程、钢筋工程、混凝土工程等工作过程组成。

2）按照是否循环分类

按照工艺特点，施工过程可以分为循环施工过程和非循环施工过程两类，如图2-3所示。

施工过程中各个组成部分（工序、操作）如果按一定顺序不断循环进行，并且每经一次重复都可以生产出同一种产品的施工过程，称为循环施工过程；反之，若施工过程的各个工序或其组成部分不是按同样的次序重复，或者生产出来的产品各不相同，这种施工过程则称为非循环的施工过程。

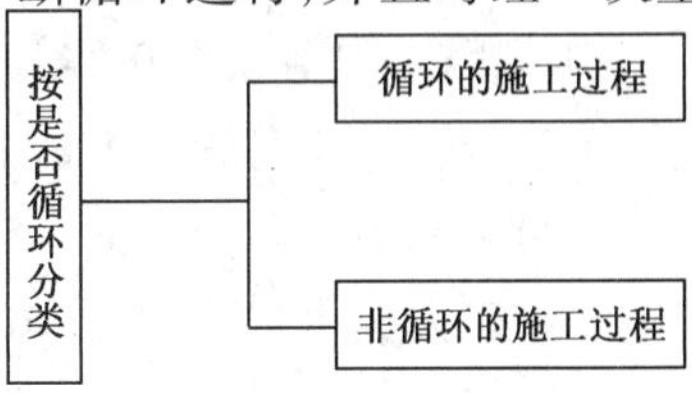

3）按照施工过程劳动分工的特点分类

按照施工过程劳动分工的特点不同，可以分为个人完成

图2-3 按施工过程是否循环分类

的过程、工人班组完成的过程和施工队完成的过程,如图2-4所示。

4)按照使用工具设备的机械化程度分类

按照使用工具设备的机械化程度,施工过程又可以分为手工操作过程(手动过程)、机械化过程(机动过程)以及机手并动过程(半机械化过程),如图2-5所示。

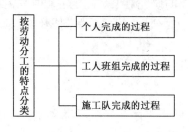

图2-4 按劳动分工的特点分类

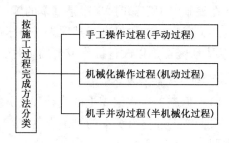

图2-5 按施工过程完成方法分类

工序按照完成的方法可以分为手工工序和机械工序两类。由工人手动操作完成的即手工工序,由人工操纵施工机械来完成的即机械工序。在机械化的施工工序中,还可以包括由工人自己完成的各项操作和由机器完成的工作两部分。例如,混凝土或者砂浆的制配由工人操作搅拌机完成。

5)按施工过程的性质分类

按施工过程的性质不同,可以分为建筑过程、安装过程和建筑安装过程。

4. 影响施工过程的主要因素

施工过程中各个工序工时的消耗数值,即使在同一工地、同一工作环境条件下,也常常会由于施工组织、劳动组织、施工方法和工人劳动素质、思想、技术水平的不同而有很大的差别。对单位建筑产品工时消耗产生影响的各种因素,称为施工过程的影响因素。

根据施工过程影响因素的产生和特点,施工过程的影响因素可分为技术因素、组织因素和自然因素三类。

1)技术因素

技术因素包括以下几类:

(1)产品的类别和质量要求。

(2)所用材料、半成品、构配件的类别、规格、性能。

(3)所用工具和机械设备的类别、型号、性能及完好情况。

例如,砖墙施工过程的技术因素包括墙的厚度,门窗面积,墙面艺术形式,砖的种类、规格、质量,砌墙的种类,使用工具等。

2)组织因素

组织因素包括以下几类:

(1)施工组织与施工方法。

(2)劳动组织和分工。

(3)工人技术水平、操作方法和劳动态度。

(4)工资分配形式。

(5)原材料和构配件的质量与供应组织。

3）自然因素

自然因素包括气候条件、地质情况、人为障碍等。

三、工作时间分类

研究施工中的工作时间最主要的目的是确定施工的时间定额和产量定额,其前提是对工作时间按其消耗性质进行分类,以便研究工时消耗的数量及其特点。

工作时间,指的是工作班延续时间。国家现行制度规定为 8 小时工作制,即日工作时间为 8 小时。研究施工过程中的工作时间及其特点,并对工作时间的消耗进行科学的分类,是制定劳动定额的基本内容之一。

对工作时间消耗的研究,根据消耗的主体可以分为两个系统进行,即工人工作时间的消耗和工人所使用的机器工作时间消耗。按其消耗的性质可以分为两大类:必需消耗的时间(定额时间)和损失时间(非定额时间),在工作班内从事施工过程中的时间消耗有些是必需的,有些则是损失掉的。

1. 工人工作时间消耗的分类

工人在工作班内消耗的工作时间,按其消耗的性质,基本可以分为两大类:必需消耗的时间和损失时间。工人工作时间的分类一般如图 2 - 6 所示。

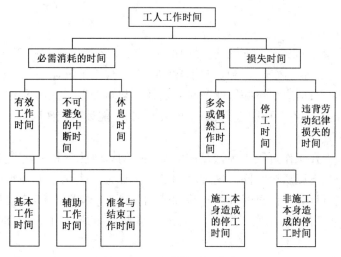

图 2 - 6　工人工作时间分类图

1）必需消耗的时间

必需消耗的时间也称为定额时间,是工人在正常施工条件下,为完成一定产品(或工作任务)所必需消耗的工作时间,用 T 表示。它是制定定额的主要依据。必需消耗的工作时间,包括有效工作时间、不可避免的中断时间和休息时间的消耗。

(1)有效工作时间。

有效工作时间是从生产效果来看与完成产品直接有关的工人工作时间消耗,其中包括基本工作时间、辅助工作时间、准备与结束工作时间的消耗。

①基本工作时间,是工人为完成能生产一定产品的施工工艺过程上所必需消耗的时间,是与施工过程的技术作业直接有关系的时间消耗。例如,砌砖工作中,从选砖开始直到将砖铺放到施工图设计的砌体位置上的全部时间消耗。通过这些基本施工工艺过程的工作,使劳动对象直接发生变化:可以使材料改变外形,如钢管煨弯等;可以改变材料的结构与性质,如混凝土制品的养

护干燥等;可以改变产品的位置,如预制构配件安装组合成型;也可以改变产品外部及表面的性质,如粉刷、油漆等。基本工作时间所包括的内容依工作性质而各不相同。基本工作时间的消耗与生产工艺、操作方法、工人的技术熟练程度有关,其时间长短和工作量大小成正比例。

②辅助工作时间,是为保证基本工作能顺利完成而做的各种辅助性工作所需要消耗的时间,它与施工过程的技术作业没有直接关系。辅助性工作不直接导致建筑产品的形态、性质、结构或位置等发生变化。例如,工具磨快、校正、小修、机械上油、移动人字梯、转移工地、搭设临时跳板等均属辅助性工作。辅助工作时间的结束,往往就是基本工作时间的开始。辅助工作一般是手工操作。但如果在机手并动的情况下,辅助工作是在机械运转过程中进行的,为避免重复则不应再计辅助工作时间的消耗。辅助工作时间长短与工作量大小有关。

③准备与结束工作时间,是执行任务前进行必要的准备工作或任务完成后进行整理工作所需要消耗的时间。准备与结束工作时间一般分为班内的准备与结束工作时间和任务内的准备与结束工作时间两种。

班内的准备与结束工作具有经常性消耗的特征,是每天都要发生的,如工人每天从公司仓库领取工具材料、工作地点布置、检查安全技术措施、机器开动前的观察和试车时间、清理工地和交接班时间等。任务内准备与结束工作是与工人接受的任务的内容有关,如接受任务书、技术交底、熟悉施工图纸等。准备和结束工作时间的长短与所担负的工作量大小无关,但往往和工作内容有关。

(2)不可避免的中断时间。

不可避免的中断时间是指在施工过程中由于施工工艺特点引起的工作中断所必需的时间。例如,汽车司机在等待汽车装、卸货时消耗的时间。与施工过程工艺特点有关的工作中断时间,应包括在定额内,但应尽量缩短此项时间消耗。与施工工艺特点无关的工作中断所占用的时间,是由于劳动组织不合理引起的,属于损失时间,不能计入定额时间。

(3)休息时间。

休息时间是工人在工作过程中为恢复体力所必需的短暂休息和生理需要的时间消耗。例如,施工过程中喝水、上厕所等时间。这种时间是为了保证工人精力充沛地进行工作,所以在定额时间中必须进行计算。休息时间的长短和劳动强度、工作条件、工作性质等有关,一般在劳动繁重紧张、劳动条件恶劣(如高温作业、有毒性作业等)的情况下,休息时间需安排得长一些,反之可短一些。

2)损失时间

损失时间也称为非定额时间,是指与产品生产无关,而与施工组织和技术上的缺点有关,与工人在施工过程的个人过失或某些偶然因素有关的时间消耗。损失时间包括多余和偶然工作时间、停工时间、违背劳动纪律的时间等三部分工时损失。

(1)多余或偶然工作时间。

多余或偶然工作时间是指工人在正常施工条件下不应发生的时间消耗,是由于意外情况而引起的工作所消耗的时间。

①多余工作时间。多余工作就是工人进行了任务以外而又不能增加产品数量的工作,如重砌质量不合格的墙体。多余工作的工时损失,一般都是由于工程技术人员和工人的差错而引起的,因此不应计入定额时间中。

②偶然工作也是工人在任务外进行的工作,但能够获得一定的产品。如抹灰工在抹灰前不得不补上偶然遗留的墙洞等。由于偶然工作能获得一定产品,拟定定额时要适当考虑它的影响。

（2）停工时间。

停工时间是工作班内停止工作造成的工时损失。停工时间按其性质可分为施工本身造成的停工时间和非施工本身造成的停工时间两种。

施工本身造成的停工时间，是由于施工组织不合理、材料供应不及时、劳动力安排不当、工作面准备工作做得不好等情况引起的停工时间。非施工本身造成的停工时间，是由于水源、电源中断引起的停工时间。前一种情况在拟定定额时不应该计算，后一种情况定额中则应给予合理的考虑。

（3）违反劳动纪律时间。

违反劳动纪律时间是工人违反劳动纪律的规定造成的时间损失，包括工人在工作班开始和午休后的迟到、午饭前和工作班结束前的早退、擅自离开工作岗位、工作时间内聊天或办私事等造成的工时损失，也包括个别工人违背劳动纪律而影响其他工人无法工作的时间损失。此项工时损失不应允许存在，因此在定额中是不能考虑的。

2. 机器工作时间消耗的分类

在机械化施工过程中，对工作时间消耗的分析和研究，除了要对工人工作时间的消耗进行分类研究之外，还需要分类研究机器工作时间的消耗。机器工作时间的消耗按其性质可作如下分类，如图 2-7 所示。

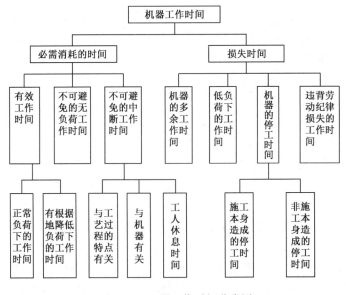

图 2-7　机器工作时间分类图

机器工作时间也分为必需消耗的时间（定额时间）和损失时间（非定额时间）两大类。

1）必需消耗的时间

必需消耗的时间也就是机器的定额时间，是机器在正常施工条件下，为完成一定产品所必需消耗的时间。包括有效工作时间、不可避免的无负荷工作时间和不可避免的中断工作时间消耗三项。

（1）有效工作时间。

从性质上是与工人有效工作时间相同，是指与完成产品直接有关的机器工作时间消耗。但机器本身的工作效果又与其负荷有关。根据负荷的情况，机器有效工作的时间消耗又包括正常负荷下工作和有根据地降低负荷下工作的工时消耗两种。

①正常负荷下的工作时间,是机器在与机器说明书规定的计算负荷相符的情况下进行工作的时间。

②有根据地降低负荷下的工作时间,是在个别情况下由于技术上的原因,机器在低于其计算负荷下工作的时间。例如,汽车运输质量轻而体积大的货物时,不能充分利用汽车的载重吨位因而不得不降低其计算负荷。

(2)不可避免的无负荷工作时间。

不可避免的无负荷工作时间是由施工过程的特点和机械结构的特点造成的机械无负荷工作时间。例如,筑路机在工作区末端调头等,都属于此项工作时间的消耗。一般分为循环的和定时的两类。

①循环的不可避免的无负荷工作时间,指的是由于施工过程的特性引起空转所消耗的时间。它在机器工作的每一个循环中重复一次,如铲运机返回铲土地点。

②定期的不可避免的无负荷工作时间,主要是指发生在载重汽车或挖土机等工作中的无负荷工作时间。如工作班开始和结束时来回无负荷的空行及工作地段转移所消耗的时间。

(3)不可避免的中断工作时间。

不可避免的中断工作时间是与工艺过程的特点、机器的使用和保养、工人休息有关的中断时间,所以它又可以分为三种。

①与工艺过程的特点有关的不可避免的中断工作时间,通常有循环和定期两种。循环的是在机器工作的每一个循环中重复一次,如汽车装货和卸货时的停歇时间。定期的不可避免中断,是指经过一定时期重复一次的中断时间。例如,喷白用的喷浆器,由一个工作地点转移到另一工作地点时的工作中断时间。

②与机器有关的不可避免中断工作时间,是由于工人进行准备与结束工作或辅助工作时,或者在维护保养机器时必须使机器停止工作而引起的中断时间。它是与机器的使用与保养有关的不可避免中断时间。前者具有经常性,后者则具有定期性。

③工人休息时间与前面的内容一致。这里要注意的是,应尽量利用与工艺过程有关的和与机器有关的不可避免中断时间进行休息,以充分利用工作时间。

2)损失时间

损失时间,包括多余工作、停工、违背劳动纪律损失的工作时间和低负荷下的工作时间。

(1)机器的多余工作时间。

机器的多余工作时间是机器进行任务内和工艺过程内未包括的工作而延续的时间,包括可避免的机器无负荷工作时间(如工人没有及时供料而使机器空运转的时间)、机器在负荷下所做的多余工作(如搅拌混凝土时超过规定搅拌时间)两种情况。

(2)低负荷下的工作时间。

低负荷下的工作时间是由于工人或技术人员的过错所造成的施工机械在降低负荷的情况下工作的时间。例如,工人装车的砂石数量不足引起的汽车在降低负荷的情况下工作所延续的时间。此项工作时间不能作为计算时间定额的基础。

(3)机器的停工时间。

机器的停工时间按其性质也可分为施工本身造成和非施工本身造成的停工。前者是由于施工组织不善而引起的机器停工时间,如开挖基坑时挖土机临时没有工作面;由于未及时供给机器燃料等而引起的机器停工时间。后者是由于外部条件的影响引起的停工时间,包括供水、供电等外部条件问题以及气候条件所引起的停工现象,如暴雨时压路机的停工。上述停工中延续的时间,均为机器的停工时间。

(4)违背劳动纪律损失的工作时间。

违背劳动纪律损失的工作时间是指由于工人迟到、早退或擅离岗位等原因引起的机器停工时间。

第二节　研究时间消耗的基本方法

定额测定是制定定额的一个主要步骤。测定定额是用科学的方法观察、记录、整理、分析施工过程,为制定建筑工程定额提供可靠依据。测定定额通常使用计时观察法。

一、计时观察法的含义及用途

1.计时观察法的含义

计时观察法,是研究工作时间消耗的一种技术测定方法。它以研究工时消耗为对象,以观察测时为手段,通过密集抽样和粗放抽样等技术进行直接的时间研究。在机械水平不太高的建筑施工中得到较为广泛的采用。具体做法是通过现场实地观察施工过程的具体活动,详细记录工人和施工机械的工时消耗,并测定完成一定产品所需的工时数量及其有关影响因素,再进行分析整理得到可靠的数值。由于在建筑施工中以现场观察为特征所以也称为现场观察法。

2.计时观察法的用途

运用计时观察法的主要目的,在于查明工作时间消耗的性质和数量;查明和确定各种因素对工作时间消耗数量的影响;找出工时损失的原因和研究缩短工时、减少损失的可能性;从而为制定定额提供基础数据,同时也为改善施工组织管理、改善工艺过程和操作方法、消除不合理的工时损失和进一步挖掘生产潜力提供技术根据。计时观察法的具体用途有:

(1)取得编制施工的劳动定额和机械定额所需要的基础资料及技术根据。

(2)研究先进工作法和先进技术操作对提高领导生产率的具体影响,并应用与推广先进工作法和先进技术操作。

(3)研究减少工时消耗的潜力。

(4)研究定额执行情况,包括研究大面积、大幅度超额和达不到定额的原因、积累资料、反馈信息。

计时观察法能够把现场工时消耗情况和施工组织技术条件联系起来加以考察,有充分的科学依据,制定的定额比较合理先进,有很多优点和广泛的用途;但它也有局限性,就是考虑人的因素不够。而且这种方法工作量较大,技术性较强,工作周期也较长,测定方法较复杂,使它的应用受到一定限制。

二、计时观察前的准备工作

1.选择测定对象

在进行技术测定之前,首先明确测定的目的,根据不同的测定目的选择测定对象,也就是研究并确定有哪些施工过程需要进行计时观察。对于需要进行计时观察的施工过程要编出详细的目录,拟定工作进度计划,制定组织技术措施,并组织编制定额的专业技术队伍,按计划认真开展工作。

2.对施工过程进行预研究

对于已确定的施工过程的性质应进行充分的研究,目的是正确地安排计时观察和收集可靠的原始资料。研究的方法,是全面地对各个施工过程及其所处的技术组织条件进行实际调查和分析,以便设计正常的(标准的)施工条件并分析研究测时数据。

(1)熟悉与所测的施工过程有关的技术资料和现行技术规范标准等。

(2)了解新采用的工作方法的先进程度,了解已经得到推广的先进施工技术和操作,还应了解施工过程存在的技术组织方面的确定和由于某些原因造成的混乱现象。

(3)注意系统地收集完成定额的统计资料和经验资料,以便与计时观察所得到的资料进行对比分析。

(4)划分所测的施工过程的组成部分(一般划分到工序)。施工过程划分的目的是便于计时观察。由于组成部分的划分是否恰当,直接关系到测定资料的效果,因此计时观察法的目的若是为了研究先进工作法,或是分析影响劳动生产率提高或降低的因素,则必须将施工过程划分到操作以至动作。

(5)确定所测的施工过程各组成部分的定时点和产品的计量单位。所谓定时点,即上下两个相衔接的组成部分之间的分界点。确定定时点,对于保证计时观察的精确性是不容忽略的因素。确定所测施工过程产品的计量单位,要能具体地反映产品的数量,并具有最大限度的稳定性。

3.选择施工的正常条件

绝大多数企业和施工队、组,在合理组织施工的条件下所处的施工条件,称为施工的正常条件。选择施工的正常条件是技术测定中的一项重要内容,也是确定定额的依据。

4.选择观察对象

所谓观察对象,就是对其进行计时观察的施工过程和完成该施工过程的工人。选择计时观察对象,必须注意所选择的施工过程要完全符合正常施工条件;所选择的建筑安装工人,应具有与技术等级相符的工作技能和熟练程度,所承担的工作与其技术等级相等,同时应该能够完成或超额完成现行的施工劳动定额。

5.调查所测定施工过程的影响因素

施工过程的影响因素包括技术、组织及自然因素。例如,产品和材料的特征(规格、质量、性能等);工具和机械性能、型号;劳动组织和分工;施工技术说明(工作内容、要求等),并附施工简图和工作地点平面布置图。

6.其他准备工作

为了满足技术测定过程的实际需要,还必须准备好必要的用具和表格。如测时用的秒表或电子计时器,测量产品数量的工、器具,记录和整理测时资料用的各种表格等。如果有条件并且也有必要,还可配备摄像和电子记录设备。

三、计时观察的方法

利用计时观察法编制劳动定额和机械台班定额,一般可按以下步骤进行:

(1)安排好进行计时观察的人员。

（2）做好上述中的各项准备工作。

（3）观察测时。

（4）整理和分析观察资料。

（5）编制定额。

根据具体任务、对象对施工过程进行观察、测时,计算实物和劳务产量,记录施工过程所处的施工条件和确定影响工时消耗的因素,是计时观察法的三项主要内容和要求。计时观察法种类很多,最主要的有三种,如图2-8所示。

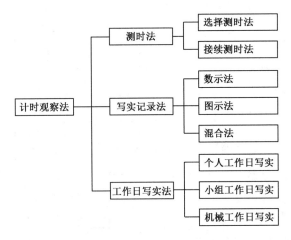

图2-8　计时观察法的种类

1. 测时法

测时法主要适用于测定定时重复的循环工作的工时消耗,是精确度比较高的一种计时观察法,一般可达到0.2~15s。用于观察研究施工过程循环组成部分的工作时间消耗,不研究工人工作休息、准备与结束时间以及其他非循环的时间。测时法有选择法和接续法两种方法。

1）选择测时法

选择测时法是间隔选择施工过程中非紧连接的组成部分(工序或操作)测定工时,精确度达0.5s。选择测时法也称间隔测时法。采用选择法测时,当被观察的某一循环工作的组成部分开始,观察者立即开动秒表,当该组成部分终止,则立即停止秒表。然后把秒表上指示的延续时间记录到选择法测时记录(循环整理)表上,并把秒针拨回到零点。下一组成部分开始,再开动秒表,如此依次观察,并依次记录下延续时间。

用选择法测时,应特别注意掌握定时点。记录时间时仍在进行的工作组成部分,应不予观察。当所测定的各工序或操作的延续时间较短时,连续测定比较困难,用选择法测时比较方便而简单,而且选择测时法比较容易掌握,使用比较广泛,但在测定开始和结束的时间时,容易发生读数的偏差。表2-1是选择测时记录表的表格形式。表2-2是选择测时记录表的实际应用。

2）接续法测时法

接续法测时法是连续测定一个施工过程各工序或操作的延续时间,是对施工过程循环的组成部分进行不间断的连续测定,不遗漏任何工序和操作,接续法测时每次要记录各工序或操作的终止时间,并计算出本工序的延续时间。其计算公式为:

$$本工序的延续时间 = 本工序的终止时间 - 紧前工序的终止时间$$
$$本工序的延续时间 = 紧后工序的开始时间 - 本工序的开始时间 \tag{2-1}$$

表2-1 选择测时记录表

观察对象		施工单位名称	工程名称	日期	开始时间	终止时间	延续时间	观察号次	页次
观察精确度：0.5s									

施工过程名称

序号	各组成部分名称	每一次循环的工作时间消耗																				时间整理						
		1		2		3		4		5		6		7		8		9		10		工人人数	循环时间总和	循环次数	最大	最小	算术平均值	平均修正值	占循环时间%
		分	秒	分	秒	分	秒	分	秒	分	秒	分	秒	分	秒	分	秒	分	秒	分	秒								
合计																													

附注：

观察者：

表 2-2 选择测时记录表实例

观察对象	单斗正铲挖掘机（斗容量 0.75m³）	单位名称	××建工集团	工程名称	××商住楼	日期	×年×月×日	开始时间	8:30	结束时间	9:00	延续时间	观察号次	页次
观察时间精度	1s	施工过程	房屋大型基坑内挖掘机（斗臂回旋角度在 120°~180°范围）挖三类土，推土机辅助推土，5t 自卸汽车运土											

每一次循环的时间 / 数据整理

序号	组成部分名称	1	2	3	4	5	6	7	8	9	10	11	12	13	14	15	时间循环总和	循环次数	最大	最小	平均修正值
1	土斗挖土装斗提升斗臂定位	16	15	16	16	15	15	17	16	17	15	16	18	17	16	15	240	15	18	15	16.00
2	回转斗臂定位	14	13	12	13	10	11	12	13	12	13	14	10	13	25①	14	174	14	14	10	12.4
3	斗臂下落卸土	6	6	6	5	6	5	7	7	7	5	11②	5	6	7	5	82	14	8	4	5.9
4	提升土斗回转下落定位	12	12	13	11	11	12	13	12	12	14	11	12	14	11	13	171	15	14	11	11.4
	合计																				45.7

注：由于组织不到位，土质黏结需人工辅助①②数值偏大，不计入时间总和。

表2-3 接续测时记录表

观察对象		施工单位名称	工程名称	日期	开始时间	终止时间	延续时间	观察号次	页次
观察精确度:0.5s		施工过程名称							

号次	各组成部分名称	时间	单位(每一循环)名称											时间整理						
			1	2	3	4	5	6	7	8	9	10		工人人数	循环时间总和	循环次数	最大	最小	算术平均值	平均修正值	占循环时间%
1		起止																		
		延续																		
2		起止																		
		延续																		
3		起止																		
		延续																		
4		起止																		
		延续																		
5	合计																			

附注:

观察者:

— 38 —

表 2 - 4　接续测时记录表实例

观察对象	砂浆搅拌机		单位名称	××建工集团	工程名称	××商住楼	日期	×年×月×日	开始时间	9:00	结束时间	9:23	延续时间	22'59"	观察号次	3	观察页次	
观察时间精度	1s		施工过程名称	200L 灰浆搅拌机搅拌砌筑砂浆														3%

序号	组成部分名称		时间	每一次循环的时间																			数据整理				
				1		2		3		4		5		6		7		8		9		10					
				分	秒	分	秒	分	秒	分	秒	分	秒	分	秒	分	秒	分	秒	分	秒	分	秒	时间总和	循环次数	最大	最小	平均修正值
1	装料入搅拌桶		终止时间	0	30	2	45	5	2	7	21	9	38	11	57	14	13	16	33	18	51	21	8					
			延续时间		30		25		27		27		26		28		26		27		25		28	269	10	30	25	26.9
2	搅拌		终止时间	2	0	4	16	6	34	8	51	11	9	13	27	15	47	18	5	20	21	22	39					
			延续时间		90		91		92		90		91		93		94		92		90		91	914	10	94	90	91.4
3	卸料		终止时间	2	20	4	35	6	54	9	12	11	29	13	47	16	6	18	26	20	40	22	59					
			延续时间		20		19		20		21		20		20		19		21		19		20	199	10	21	19	19.9
	合计																										138.2

接续法测时也称为连续法测时。因为接续测时法包括了施工过程的全部循环时间,它不间断地测定使各组成部分延续时间之间的误差可以抵消,比选择法测时准确、完善,但观察技术也较之复杂,要求也较高。它的特点是在工作进行中和非循环组成部分出现之前一直不停止秒表。秒表走动过程中,观察者根据各组成部分之间的定时点,记录它的终止时间,再用两定时点终止时间之间的差表示各组成部分的延续时间。因此,在测定时间时应使用具有辅助秒针的计时表即人工秒表,以便使其辅助秒针停止在某一组成部分的结束时间上。表2-3是接续测时记录表的表格形式。表2-4是接续测时记录表的实际应用。

3)测时法的观察次数

观察次数的多少,直接影响到测时资料的准确程度。一般来说,观察次数越多,资料的准确性越高。而观察次数较多时,需要花费的时间和人力也较多,这样既不经济也不现实。表2-5列出的测时法所需的合理的观察次数,可供测定过程中检查所测次数是否满足需要。

表2-5 测时法所必需的观察次数表

观察次数 稳定系数 \ 精确度要求	算术平均精确度,%				
	5以内	7以内	10以内	15以内	20以内
1.5	9	6	5	5	5
2.0	16	11	7	5	5
2.5	23	15	10	6	5
3.0	30	18	12	8	6
4.0	39	25	15	10	7
5.0	47	31	19	11	8

表2-5中稳定系数:

$$K_P = t_{max}/t_{min} \tag{2-2}$$

式中 t_{max}——最大观察值;

t_{min}——最小观察值。

算术平均值精确度的计算公式为:

$$E = \pm \frac{1}{\bar{x}} \sqrt{\frac{\sum \Delta^2}{n(n-1)}} \tag{2-3}$$

式中 E——算术平均值精确度;

$\bar{x}$——算术平均值;

n——观察次数;

Δ——每一观察次数与算术平均值的偏差。

【例2-1】 某施工工序共观察10次,所得观测值分别为25、30、20、18、40、19、26、32、30、20。试确定观察次数是否满足需要?

解:(1)先计算算术平均值:

$$\bar{x} = (25 + 30 + 20 + 18 + 40 + 19 + 26 + 32 + 30 + 20) \div 10 = 26$$

(2)计算各观察值与算术平均值的偏差 Δ 分别为:

$$-1、4、-6、-8、14、-7、0、6、4、-6$$

(3)根据式(2-3)可计算算术平均值精确度如下:

$$E = \pm \frac{1}{\bar{x}} \sqrt{\frac{\sum \Delta^2}{n(n-1)}}$$

$$= \pm \frac{1}{26} \times \{ (1^2 + 4^2 + 6^2 + 8^2 + 14^2 + 7^2 + 0^2 + 6^2 + 4^2 + 6^2) \div [10 \times (10-1)] \} \times 100\%$$

$$= \pm 8.6\%$$

其稳定系数为 $K_P = t_{max}/t_{min} = 40 \div 18 = 2.22$

根据以上所求得的稳定系数和算术平均值精确度,即可查阅表2-3测时所必需的观察次数表,来确定本工序的观察次数是否满足要求。表中规定算术平均值精确度在10%以内,稳定系数在2.5以内时,应测定10次。显然本工序的观察次数已满足要求。

4)测时数列的整理

测时数列的整理,一般可采用算术平均法。有时测时数列中个别延续时间误差较大,影响算术平均值的准确性,为了使算术平均值更加接近于各组成部分延续时间正确值,在整理测时数列时可进行必要的清理,删去那些显然是错误的以及误差极大的数值。通过清理后所得出的算术平均值,通常称为平均修正值。

清理误差大的数值时,不能单凭主观想象,这样就失去技术测定的真实性和科学性。为了妥善清理此类误差、可参照下列调整系数表(表2-6)和误差极限算式进行。

表2-6 误差调整系数表

观 察 次 数	K
5	1.3
6	1.2
7 ~ 8	1.1
9 ~ 10	1.0
11 ~ 15	0.9
16 ~ 30	0.8
31 ~ 53	0.7
53 以上	0.6

极限算式为:

$$\lim_{max} = \bar{x} + K(t_{max} - t_{min}) \tag{2-4}$$

$$\lim_{min} = \bar{x} - K(t_{max} - t_{min}) \tag{2-5}$$

式中　$\lim_{max}$——最大极限;

　　　$\lim_{min}$——最小极限;

　　　K——调整系数。

清理的方法为:首先,从数列中删去因人为因素影响而出现的误差极大的数值;然后,根据保留下来的测时数列值,试抽去误差极大的可疑数值,用误差调整系数表和误差极限算式求出最大极限或最小极限;最后,再从数列中抽去最大或最小极限之外误差极大的可疑数值。

【例2-2】 对某一施工工序进行观察,所得观测值分别为40、30、35、28、42、29、36、30、40、50。试对该测时数列进行整理。

解:该测时数列中误差大的可疑数值为50,根据上述清理方法抽去这一数值。然后根据误差极限算式计算其最大极限:

$$\bar{x} = (40 + 30 + 35 + 28 + 42 + 29 + 36 + 30 + 40) \div 9 = 34.4$$

$$\lim_{max} = \bar{x} + K(t_{max} - t_{min}) = 34.4 + 1 \times (42 - 28) = 48.4 < 50$$

由于可疑数值50比最大极限还要大,因此必须把50从该工序时间数列中去除,其算术平均修正值为34.4。

2.写实记录法

写实记录法是一种研究各种性质的工作时间消耗的方法,包括工人的基本工作时间、不可避免中断时间、辅助工作时间、准备与结束工作时间、休息时间及各种损失时间等。采用这种方法,可以获得分析工作时间消耗的全部资料,是一种值得提倡的方法。而且这种测时方法比较简便、实用、容易掌握,并且能达到一定的精确度。因此,这种方法在实际中应用十分广泛。

写实记录法的观察对象,可以是一个工人,也可以是一个工人小组。测时用普通表进行,详细记录在一段时间内观察对象的各种活动及其时间消耗,以及完成的产品数量。写实记录法按记录时间方法的不同分为数示法、图示法和混合法三种。

(1)数示法写实记录。数示法的特征是用数字记录工时消耗,是三种写实记录法中精确度较高的一种,精确度达5s,可以同时对两个工人进行观察,观察的工时消耗,记录在专门的数示法写实记录表中。数示法可以用来对整个工作班或半个工作班工人或机器工作情况进行长时间观察记录,因此适用于组成部分较少而且比较稳定的施工过程。数示法写实记录样表见表2-7。

表2-7 数示法写实记录表

工地名称	××	开始时间	8时33分	延续时间	1时21分40秒	调查次数	1
施工单位名称	×建筑公司	终止时间	9时54分40秒	记录时间	98.03.16	页次	1

施工过程:双轮车运土方,200m运距								观察对象:甲					观察对象:乙			
号次	施工过程组成部分名称	时间消耗量	组成部分号次	起止时间 时:分	秒	延续时间	完成产品 计量单位	完成产品 数量	附注	组成部分号次	起止时间 时:分	秒	延续时间	完成产品 计量单位	完成产品 数量	附注
一	二	三	四	五	六	七	八	九	十	十一	十二	十三	十四	十五	十六	十七
1	装土	29'35"	×	8:33	0					1	9:16	50	3'40"			
2	运土	21'26"	1	35	50	2'50"	m³	0.288		2	19	10	2'20"			
3	卸土	8'59"	2	39	0	3'10"	次	1		3	20	10	1'			
4	空返	18'5"	3	40	20	1'20"	m³	0.288		4	22	30	2'20"			
5	等土	2'5"	4	43	0	2'40"	次	1		1	26	30	4'			
6	喝水	1'30"	1	46	30	3'30"				2	29	0	2'30"			
			2	49	0	2'30"			产量计算如下:每车容积 = 1.2 × 0.6 × 0.4 = 0.288 (m³)共运土8车8 × 0.288 = 2.3(m³)按余松土计算	3	30	0	1'			
			3	50	0	1'				4	32	50	2'50"			
			4	52	30	2'30"				5	34	55	2'05"			
			1	56	40	4'10"				1	38	-50	3'55"			
			2	59	10	2'30"				2	41	56	3'6"			
			3	9:00	20	1'10"				3	43	20	1'24"			
			4	3	10	2'50"				4	45	50	2'30"			
			1	6	50	3'40"				1	49	40	3'50"			
			2	9	40	2'50"				2	52	10	2'30"			
			3	10	45	1'05"				3	53	10	1'			
			4	13	10	2'25"				6	54	40	1'30"			
		81'40"				40'10"							41'30"			

观察者:

（2）图示法写实记录。图示法是在规定格式的图表上用时间进度线条表示工时消耗量的一种记录方式,精确度可达30s,可同时对三个以内工人进行观察。观察资料记入图示法写实记录表中(表2-8和表2-9),该表是由60个小纵行组成的格网,每一小纵行等于1min、记录时各组成部分的延续时间用横线画出。为便于区分两个以上工人的工作时间消耗,又设一条辅助直线,将属于同一工人的横线段连接起来。观察结束后,再分别计算出每一工人在各个组成部分上的时间消耗,以及各组成部分的工时总消耗。图示法的主要优点是记录技术简单、直观、时间内容记录一目了然,原始记录整理十分方便。在实际工作中,图示法比数示法的使用更加普遍。

表2-8　图示法写实记录表

工地名称		开始时间		延续时间		调查次数		
施工单位名称		终止时间		记录时间		页　次		
施工过程			观察对象:			观察对象:		
号次	各组成部分名称	60　　10　　20　　30　　40　　50				时间合计,min	产品数量	附注
1								
2								
3								
4								
5								
	总计							

观察者:

表2-9　图示法写实记录表实例

工地名称	××工地	开始时间	9时	延续时间	1h	调查号次		
施工单位名称		终止时间	10时	记录时间	2003.4.28	页　次		
施工过程	浇捣混凝土柱(机拌人捣)		观察对象	甲、乙(四级工);三个丙(三级工);丁(普工)				
号次	各组成部分名称	时间,min				时间合计,min	产品数量	附注
1	撒锹					78	1.85m³	
2	捣固					148	1.85m³	
3	转移					103	3次	
4	等混凝土					21		
5	做其他工作					10		
	合计					360		

观察者:

（3）混合法写实记录。混合法吸取数字和图示两种方法的优点，以时间进度线条表示所测施工过程中各组成部分（工序）的延续时间，在进度线上部加写数字表示各时间区段的工人数。混合法适用于三个以上工人共同完成或工人小组完成的某一产品施工过程的工时消耗的测定与分析。这种方法集中了数示法和图示法的主要优点，经济简便，是数示法和图示法都不能做到的。混合法记录时间仍采用图示法写实记录表。

3. 工作日写实法

工作日写实法，是一种研究整个工作班内的各种工时消耗的方法，包括个人工作日写实、小组工作日写实和机械工作日写实三种形式。

工作日写实结果填入工作日写实结果表中（表 2-10 和表 2-11），多次观察的结果汇总在工作日写实汇总表（表 2-12）中。

表 2-10　工作日写实结果表（正面）

工作日写实结果表（正面）	观察的对象和工地:商贸楼工地							
	工作队（小组）:小组成员　　　　工种:瓦工							
工程（过程）名称:砌筑2砖混水墙 观察日期:×年×月×日 工作班:自8:00至17:00完成,共8工时	（小组/工作队）的工人组成							
	1级	2级	3级	4级	5级	6级	7级	共计

号次	工时平衡表			
	工时消费种类	消耗量 工分	百分比 %	劳动组织的主要缺点
	（1）必需消耗的时间			
1	适合于技术水平的有效工作	1120	58.3	
2	不适合于技术水平的有效工作	66	3.4	
3	有效工作共计	1186	61.8	
4	休息	177	9.2	
5	不可避免的中断			
6	必需消耗的时间共计（A）	1363	71.0	（1）架子工搭设脚手板的工作没有保证质量,同时架子工的工作未按计划进度完成,以致影响了砌砖工人的工作。
	（2）损失时间			
7	由于砖层垒砌不正确而加以更改	50	2.6	
8	由于架子工把脚手板铺得太差而加以修正	53	2.8	
9	多余和偶然工作共计	103	5.3	（2）由于灰浆搅拌机时有发生故障,使灰浆不能按时供应。
10	因为没有灰浆而停工	113	5.9	
11	因脚手板准备不及时而停工	64	3.3	（3）工长和工地技术人员,对于工人工作指导不及时,并缺乏经常的检查、督促,致使砌砖返工;架子工搭设脚手板后,也未校验;由于没有及时指示,而造成砌砖工停工。
12	因工长耽误指示而停工	100	52	
13	由于施工本身而停工共计	277	14.3	
14	因雨停工	96	5.0	
15	因电流中断而停工	13	0.7	
16	非施工本身而停工共计	109	5.6	
17	工作班开始时迟到	33	1.7	（4）由于工人宿舍距施工地点远,工人经常迟到
18	午后迟到	37	1.9	
19	违背劳动纪律共计	70	3.6	
20	损失时间共计	559	29.0	
21	总共消耗的时间（B）	1922	10	
22	现行定额总共消费时间			
23				
24				
25				
	完成工作数量6.81（千块）　　　　测定者:			

— 44 —

表 2-11 工作日写实结果表(反面)

完成定额情况的计算

序号	定额编号	定额项目	计量单位	完成工作数量	定额工时消耗 单位	定额工时消耗 总计	备注
1		2砖混水墙	千块	6.81	4.3	29.28	
2							
3							
4							
5							
6		总计				29.28	

完成定额情况	实际:60 × 29.28 ÷ 1920 = 0.915 = 91.5%
	可能:60 × 29.28 ÷ 1363 = 1.29 = 129%

建议和结论

建议	建议工长和技术人员加强对砌砖工人工作的指导,并及时检查督促; 工人开始工作前要先检验脚手板,工地领导和安全技术员必须负责贯彻技术安全措施; 立即修好灰浆搅拌机; 采取措施,消除上班迟到现象
结论	全工作日中时间损失占据29%,原因主要是施工技术人员指导不力。如果能够保证对工人小组的工作给予切实有效的指导,改善施工组织管理,劳动生产率就可以提高35%以上

表 2-12 工作日写实结果汇总表

写实汇总		工作日写实结果汇总日期:自2016年7月20日至8月1日													
工地:第×车间								工种:瓦工							
观察日期及编号		A1 7/20	A2 7/21	A3 7/22	A4 7/23	A5 7/24	A6 7/25	A7 7/26	A8 7/28	A9 7/29	A10 7/30	A11 7/31	A12 8/1	加权平均值	备注
号次	小组(工作队) 工时消耗分类														
	每班人数	4	3	2	4	4	2	2	2	4	3	3	2	35	
一	必须消耗的时间														
1	适合于技术水平的有效工作	56.9	69.1	67.7	51.9	58.3	53.1	77.1	62.8	75.9	50.6	50.3	67.3	61.1	
2	不适合于技术水平的有效工作	—	10.2	7.6	26.4	3.5	3.6	—	6.5	12.8	21.8	31.7	17.3	12.3	
3	有效工作共计	56.9	79.3	75.3	78.3	61.8	56.7	77.1	69.3	88.7	72.4	82.0	84.6	73.4	
4	休息	10.8	10.1	8.7	15.1	9.2	13.4	8.6	17.8	11.3	11.4	10.9	9.0	11.4	
5	不可避免的中断	—	—	—	—	—	—	—	—	—	—	—	—	—	
6	必需消耗时间共计	67.7	89.4	84	93.4	71	70.1	85.7	87.1	100	83.8	92.9	93.6	84.8	工时消耗分类按占总共消耗时间的百分比计算
二	损失时间														
1	多余和偶然工作	—	3.2	6.7	—	5.4	—	6.9	—	—	3.3	—	5.2	2.2	
2	由于施工本身而停工	26	5.1	6.3	6.6	14.4	29.9	6.4	11.3	—	3.8	2.6	—	9.4	
3	非施工本身而停工	6.3	1.7	1.3	—	5.6	—	3.0	—	—	9.1	3.6	—	2.8	
4	违背劳动纪律	—	0.6	1.7	—	3.6	—	—	1.6	—	—	0.9	1.2	0.8	
5	损失时间共计	32.3	10.6	16.0	6.6	29	29.9	14.3	12.9	—	16.2	7.1	6.4	15.2	
6	总共消耗时间	100	100	100	100	100	100	100	100	100	100	100	100	100	
完成定额,%	实际	95	101	107	114	89.5	97	102	110	116	98	113	115	104.5	
	可能	140	120	128	122	126	138	199	126	116	117	122	123		

制表:　　　　　复核:

运用工作日写实法主要有两个目的,一是取得编制定额的基础资料;二是检查定额的执行情况,找出缺点,改进工作。当用于第一个目的时,工作日写实的结果要获得观察对象在工作班内工时消耗的全部情况,以及产品数量和影响工时消耗的影响因素。其中工时消耗应该按工时消耗的性质分类记录。当用于第二个目的时,通过工作日写实应该做到:查明工时损失量和引起工时损失的原因,制订消除工时损失、改善劳动组织和工作地点组织的措施,查明熟练工人是否能发挥自己的专长,确定合理的小组编制和合理的小组分工;确定机器在时间利用和生产率方面的情况,找出使用不当的原因,制订出改善机器使用情况的技术组织措施;计算工人或机器完成定额的实际百分比和可能百分比。

工作日写实法与测时法、写实记录法相比较,具有技术简单、费力不多、应用面广和资料全面的优点,在我国是一种采用较广的编制定额的方法。

工作日写实法,利用写实记录表记录观察资料。记录时间时不需要将有效工作时间分为各个组成部分,只需划分适合于技术水平和不适合于技术水平两类。但是工时消耗还需按性质分类记录。

第三节　施工定额概述

施工定额是建筑安装工人或工人小组在合理的劳动组织和正常施工条件下,为完成单位合格产品,所需劳动、机械、材料消耗的数量标准。它是根据专业施工的作业对象和工艺制定,并按照一定程序颁发执行的。施工定额应反映企业的施工水平、技术装备水平和管理水平,是考核建筑安装企业劳动生产率水平、管理水平的标尺和确定工程成本、投标报价的依据。

一、施工定额的性质

施工定额是建筑安装企业内部管理的定额,属于企业定额的性质。正确认识施工定额的这一性质,把施工定额和其他定额从性质上区别开来是非常必要的。

随着经济体制改革的深化和基本建设投资规模的不断扩大,建筑企业已经成为市场的主体,不再坐等由行政分配施工任务和建设项目,而是面对着已经开放的、瞬息万变的国内外建筑市场。在这种形势下,国有建筑企业已经逐渐失去原有的在获得施工任务方面的优越地位,面对的竞争者是许多国有的、集体的、个体的和国外的建筑企业。因此,建筑企业要尽快学会在市场寻求各种机会,寻找施工任务,寻找各种资源。

经济体制改革要求建筑企业要成为能够自负盈亏、独立经营的具有法人资格的经济实体。它应能自主地选择和接受施工任务,独立地组织施工活动,组织劳动力、原材料和施工机械的适时足量供应,应有自己支配的固定资金和流动资金,进行独立的经济核算和成本控制,不断用产品销售收入抵补施工中的成本耗费,并取得较多的盈利。所以,改革放开了施工企业的手脚,给企业带来了各种机遇,但是也给企业造成很大的压力和挑战。企业必须通过自己的努力在市场竞争中求生存、求发展。在这种情况下,施工定额是企业加强计划管理、提高企业素质、降低劳动消耗、控制成本开支、提高劳动生产率和企业经济效益的有效手段。加强施工定额管理就成为企业的内在要求和必然的发展趋势,而不是国家、部门、地区从外部强加给企业的压力和约束。

施工定额这种企业定额的性质,要求明确地赋予企业以施工定额的管理权限,其中包括编制和颁发施工定额的权限。施工企业应该根据自身的具体情况和可能挖掘的潜力，根据市场的需求和竞争环境，根据国家有关方针政策、法律法规、施工规范和质量验收标准，自己编制企业定额，自行决定定额的水平，并且高于国家定额水平。允许同类企业和同一地区的企业之间存在施工定额水平的差距，这样在市场上才能具有竞争力，同时允许企业就施工定额的水平对外作为商业秘密进行保密。

二、施工定额的作用

施工定额作为工程建设定额体系中的基础性定额，主要表现在施工定额的水平是确定预算、概算定额和指标消耗水平的基础。

施工定额在工程建设定额体系中的基础作用，是由施工定额作为生产定额的基本性质决定的。施工定额和生产结合最紧密，它直接反映生产技术水平和管理水平，而其他各类定额则是在较高的层次上、较大的跨度上反映社会生产力发展水平。尽管这些定额有更大的综合性和覆盖面，但它们都不能脱离施工定额所直接反映的生产技术水平和管理水平。

施工定额作为企业定额，它是建筑安装企业管理工作的基础，也是工程建设定额体系中的基础。施工定额在企业管理工作中的作用主要表现在以下六个方面。

1.施工定额是企业计划管理的依据

施工定额在企业计划管理方面的作用，表现在它既是企业编制施工组设计的依据，也是企业编制施工作业计划的依据。

施工组织设计是指导拟建工程进行施工准备和施工生产的技术经济文件，其基本任务是根据招标文件及合同协议的规定，制定出经济合理的施工方案，在人力和物力、时间和空间、技术和组织上对拟建工程做出最佳的安排。施工企业根据企业的施工计划、拟建工程的施工组织设计和现场实际情况编制的施工作业计划，是一个以实现企业施工计划为目的的施工队、组的具体执行计划。它综合体现了企业生产计划、施工进度计划和现场实际情况的要求，是组织和指挥生产的技术文件，也是队、组进行施工的依据。所以说依据施工定额编制的施工组织设计和施工作业计划是企业计划管理中非常重要的、不可缺少的环节。

施工设计包括施工组织总设计、年度施工组织设计、季节性施工组织设计以及单位工程施工设计。各类施工设计一般包括三部分内容：即拟建工程的资源需用量、使用这些资源的最佳时间和平面规划。要想准确确定拟建工程的资源需要量，就要依据现行的施工定额；施工中实物工作量的计算，要以施工定额的分项和计量单位为依据；排列施工进度计划也要根据施工定额对施工力量（劳动力和施工机械）进行计算。施工作业计划，无论是月作业计划还是旬作业计划，一般也包括三部分内容，即本月（旬）应完成的施工任务，主要以施工进度计划表示计划期内应完成的工程项目和实物工程量，以及形象进度；完成施工计划的资源需要量，包括劳动力、机械、运输和材料的平衡；提高劳动生产率和节约措施计划，用来具体落实年度和季度的技术组织措施。

施工作业计划是施工单位计划管理的中心环节，也是企业施工计划的具体化。编制施工作业计划要用施工定额进行劳动力、施工机械和运输力量的平衡；材料、构件等分期需用量和供应时间；实物工程量和安排施工形象进度。所以，编制施工作业计划也必须以施工定额提供的数据为依据。

2.施工定额是组织和指挥施工生产的有效工具

施工企业组织和指挥施工队、组进行施工，是按照作业计划通过下达施工任务书和限额领料单来实现的。

施工任务单,既是下达施工任务的技术文件,也是班、组经济核算的原始凭证。它列明了应完成的施工任务,也记录着班组实际完成任务的情况。施工任务单下达给班组的工程任务,包括工程名称、工作内容、质量要求、开工和竣工日期、计划用工量、实物工程量、定额指标、计件单价等内容。实际完成任务情况的记录,包括实际开工、竣工日期,完成的实物工程量、实用工日数、实际平均技术等级、工人工时记录等。从中可以看出,施工任务单上的工程计量单位、产量定额和计件单位,均需取自施工的劳动定额。

限额领料单是施工队随施工任务单同时签发的领取材料的凭证,它包括材料的种类、规格和数量。这一凭证是根据施工任务和施工的材料消耗定额确定的,其中领取材料的数量,是班组为完成规定的工程任务消耗材料的最高限额。这一限额也是评价和考核班组完成施工任务的一项重要指标。

3. 施工定额是计算工人劳动报酬的依据

社会主义分配原则是按劳分配。所谓"劳"主要是指劳动的质量和数量,劳动的成果和效益。施工定额为衡量工人劳动质量和数量提供出了较好的标准。所以,施工定额应是计算工人计件工资的基础,也应是计算奖励工资的依据。这样才能做到完成定额好,工资报酬就多,达不到定额,工资报酬就会减少。真正把工人劳动成果与个人收入直接联系起来。这对于完善企业内部分配机制是很有现实意义的,对于理顺生产和消费的关系、积累和消费的关系也是很有意义的。

4. 施工定额是企业激励工人的条件

所谓激励,就是采取某些方法并措施激发并鼓励员工在工作中的积极性、创造性。根据行为科学的研究显示,如果职工受到充分的激励,其能力可以发挥80%～90%,如果缺少激励,仅仅能够发挥出能力的20%～30%。但激励只有在一定条件下才能发挥作用。按照马斯洛的"阶梯式需求"理论,人的需求分为生理需求、安全需求、社交需求、自尊需求和自我价值实现的需求。施工定额可以对生理需求、自尊需求和自我实现需求起到直接激励作用。对于安全与社交方面的需求也起到间接激励作用。如果工人达到和超过定额,那么他们不仅能获取更多的劳动报酬以满足生理需求,而且也能获得社会和他人的认可,进而满足自我价值实现的需求。如果没有施工定额这种标准尺度,实现上述几个方面的激励就会缺少必要的手段。

5. 施工定额是先进技术推广的媒介

施工定额水平较高,其中包含着一些成熟的先进施工技术和经验,工人要想达到和超过定额,就必须熟练掌握和运用这些先进施工技术。这样可以极大普及先进技术和先进操作方法,进而促进了先进技术的推广。

6. 施工定额是编制施工预算,加强企业经济核算的基础

施工预算是施工企业用以确定单位工程上人工、材料、机械和资金需要量的计划文件。它是以施工定额为基础编制而成的,既要反映设计图纸的要求,也要考虑在现有条件下人工、材料节约的可能和降低成本的各项具体措施。这样就能够更加合理地组织施工生产,有效地控制施工中人力、物力消耗,节约成本开支。施工中人工、机械和材料的费用,构成了工程成本中的直接工程费用,它对计算间接费用也有着很大的影响。因此严格执行施工定额不仅可以起到控制成本、降低费用开支的作用,同时也为企业实行经济核算、增加盈利,创造了良好的条件。

由此可见,施工定额在建筑安装企业管理的各个环节中都是不可缺少的,施工定额管理是企业的基础性工作,具有不容忽视的作用。

三、施工定额的内容

尽管施工定额的适用范围、专业特点可能不完全相同,但其主要内容和构成要素是基本相同的。施工定额册的主要内容有文字说明、分节定额和附录三部分。

1. 文字说明部分

根据文字说明的作用及所在位置,它又分为总说明、分册说明和分节说明三种。施工定额总说明的基本内容包括:

(1)定额册中所包括的工种;

(2)定额的编制依据;

(3)施工定额的编制原则;

(4)劳动消耗的计算方法(如产量定额与时间定额的计算方法及其相互关系);

(5)材料消耗的计算方法(如材料耗用量、净用量与损耗率之间的关系及计算,系数的利用方法以及其他计算方法等);

(6)其他。

分册说明的基本内容包括:

(1)分册包括的定额项目和工作内容;

(2)施工方法;

(3)有关规定和计算方法的说明(如材料水平运输距离的计算方法及说明、土方工程的土壤类别的规定、运土超运距增加人工的计算方法、材料消耗定额的计算方法等);

(4)质量要求。

分节说明是指分节定额表上方的文字说明,其基本内容包括:

(1)工作内容;

(2)质量要求;

(3)施工说明;

(4)小组成员。

2. 分节定额部分

分节定额部分包括定额表上方的文字说明、定额表和附注。

(1)定额表上方的文字说明即是前面介绍的分节说明。

(2)定额表是分节定额部分的核心,也是定额册中的核心部分,包括劳动定额表、机械定额表与材料定额表。劳动定额表中的消耗量同时以产量定额和时间定额两种形式表示,并往往列有小组成员,以便下达任务书时参考。材料消耗定额有两种表示方法,一种是规定操作过程中的全部材料消耗量,如砌砖、白铁、油漆等工程都是规定全部的材料消耗量;另一种是列主要材料并规定材料的损耗。

(3)附注是位于定额表下面的文字说明,主要是根据施工条件变更的情况,规定劳动和材料消耗的增减变化。附注是对定额表的补充,在某些情况下,附注也限制定额使用范围。

分节定额的内容及其形式见表2-13。

3. 附录部分

附录一般列于分册的最后,作为使用定额的参考,其主要内容是:

（1）有关的名词解释；

（2）先进经验及先进工具的介绍；

（3）在某些分册中，附录部分还列有计算材料用量、确定材料重量等参考性资料，如砌砖用砂浆配合比参考表及其使用说明等。

以上三部分内容虽以定额表为核心，但在使用时必须同时考虑其他两部分内容，否则就会发生错误。

表 2－13　建筑安装工程施工定额表

4－1　墙基

1. 工作内容：包括砌砖、铺灰、递砖、挂线、吊直、找平、检查皮数杆、清扫落地灰及工作前清扫灰尘等工作。
2. 质量要求：墙基两侧，所出宽度必须相等。灰缝必须平正均匀，墙基中线位移不得超过10cm。
3. 施工说明：使用铺灰扒或铺灰器，实行双手挤浆。

每 1m³ 砌体的劳动定额

项目	单位	1砖墙	1.5砖墙	2砖墙	2.5砖墙	3砖墙	3.5砖墙
小组成员	人	三—1 五—1	三—2 五—1	三—2　四—1 五—1	三—3　四—1 五—1		
时间定额	工日	0.294	0.244	0.222	0.213	0.204	0.198
每日小组产量	m³	6.8	12.3	18.0	23.5	24.5	25.3

每 1m³ 砌体的材料消耗量定额

砖	块	527.0	521.0	518.8	517.3	516.2	515.4
砂浆	m³	0.2522	0.2604	0.2640	0.2663	0.2680	0.2692

附注：

1. 垫基以上，防潮层以下为墙基（无防潮层者以室内地坪以下为准），其厚度按防潮层处墙厚为标准。大放脚部分已考虑在内，其工程量按平均厚度计算。

2. 墙基深度按地面以下1.5m深以内为准，超过1.5～2.5m者，其时间定额乘以1.2。超过2.5m以上者，其时间定额乘以1.25。但砖、灰浆能直接运入地槽者，不另加工。

3. 墙基的墙角、墙垛及砌地沟（暖气沟）等内外出檐，不另加工。

4. 本定额以混合砂浆及白灰砂浆为准，使用水泥砂浆者，其时间定额乘以1.11。

5. 砌墙基弧型部分，其时间定额及单价乘以1.43。

第四节　施工定额的编制

一、施工定额的编制原则

1. 平均先进性原则

平均先进是就施工定额的水平而言。定额水平，是指规定消耗在单位合格产品上的劳动、机械和材料数量的多少。也可以说，它是按照一定施工程序和工艺条件下规定的施工生产中活劳动和物化劳动的消耗水平。

总体来讲，定额水平应直接反映劳动生产率水平，也反映劳动和物质消耗水平。定额水平和劳动生产率水平变动的方向是一致的，和劳动与物质消耗水平的变动则呈反方向。这就是说，劳动生产率水平越高，定额水平也越高；而劳动和物质资料消耗数量越多，则定额水平越低。但实际上人们经常看到的是，定额水平和劳动生产率水平不一致的现象。这主要是由于定额所具有一定的稳定性所致。在定额执行期内，随技术发展和定额对社会劳动生产率的不断促进，二者相吻合的程度就会逐渐发生变化,差距会越来越大。所以,现实中的定额水平落后于社会劳动生产率水平,这正是定额发挥作用的表现。当定额水平已经不能促进施工生产和企业管理,甚至影响进一步提高劳动生产率时,就应修订已经陈旧的定额,以使二者达到新的平衡。此外,影响定额水平的因素还有工人的技术等级、机械化施工的程度、新材料新工艺的应用、管理水平等。

施工定额是企业的总体水平,而不是个别施工队组和个别生产者的水平。因为就每个施工队组和每个生产者来说,劳动生产率水平是各不相同的,总是有高有低。这种情况的产生,是与各自的生产技术水平、施工组织条件、施工队伍素质和工人劳动态度以及企业经营管理水平的高低相联系的。施工定额水平反映的劳动生产率水平和物质消耗水平,不是简单的取一个平均值。施工定额作为企业定额的性质,决定了在确定定额水平时必须考虑下列因素:

(1)有利于提高劳动工效,降低人工、机械和材料的消耗;

(2)有利于正确考核和评价工人的劳动成果;

(3)有利于正确处理企业和个人之间的经济关系;

(4)有利于提高企业管理水平。

要满足以上几点要求,按全国、部门、地区或企业的劳动生产率平均数来确定定额水平是不行的。因为这是大多数生产者已经达到的水平,它不能促使大多数生产者去力争进一步降低施工中的活劳动和物化劳动的消耗。如果采用先进生产者的水平,多数工人就可能达不到定额。这不仅挫伤了他们的生产积极性,而且会减少工人应得的报酬,其结果是欲速则不达。如果采用落后水平,则所有工人不经努力都可以达到定额,并且会大幅度超过定额,造成劳动生产率提高的假象。这就不能起到调动生产积极性的作用,甚至会容忍和保护落后。因此,确定施工定额水平,必须贯彻平均先进性原则。

所谓平均先进水平,就是在正常的施工条件下,大多数施工队组和大多数生产者经过努力能够达到和超过的水平。一般说它应低于先进水平,而略高于平均水平。这种水平使先进者感到一定的压力,鼓励他们努力更上一层楼,使大多数处于中间水平的工人感到定额水平是可望并且可及的,增加他们达到和超过定额水平的信心;对于落后工人不迁就,使他们感到企业对他们的严格要求,认识到必须花大力气去改善施工条件,提高技术操作水平,珍惜劳动时间,节约材料消耗,才能缩短差距,尽快达到定额的水平。所以,平均先进水平是一种可以鼓励先进,勉励中间,鞭策落后的定额水平,是编制施工定额的理想水平。

编制施工定额如何贯彻平均先进性原则呢?第一,随着科学技术的不断进步,确定定额水平时要考虑那些已经成熟并得到推广的先进技术和先进经验。第二,对于原始资料和数据要加以整理,剔除个别的、偶然的、不合理的数据,尽可能使数据具有实践性和可靠性。第三,要选择正常的施工条件、行之有效的技术方案和劳动组织、合理的施工操作方法,作为确定定额水平的依据。第四,从实际出发,综合考虑影响定额水平的有利和不利因素,尽管其中有些因素可能是暂时性的、不合理的,但只要在预期内难以转变,而又与企业本身的管理水平和工人技术、劳动状况无关,在确定定额水平时,就应予以适当考虑。这样才不致使定额水平脱离现实。第五,要注意施工定额项目之间水平的平衡,避免有"肥"有"瘦",造成定额执行中的困难。对于由于以上原因造成的不平衡现象,在确定定额水平时,既要承认差别,又要考虑有利于促使转化的可能性。当然在确定定额水平时,主要应考虑企业内部条件和市场竞争环境。

2.简明适用性原则

简明适用,是就施工定额的内容和形式而言的。定额的内容和形式要方便定额的贯彻和执行。

简明适用性原则,要求施工定额内容要反映企业所能承担的施工范围,具有多方面的适应性,能满足组织施工生产和计算工人劳动报酬等多种需要。同时,又要简单明了,容易被工人所掌握,便于查阅、计算和携带。定额的简明性和适用性,是既有联系,又有区别的两个方面。编制施工定额时应全面加以贯彻。当二者发生矛盾时,定额的简明性应服从适应性的要求。

贯彻定额的简明适用性原则,关键是要反映施工生产的实际,做到定额项目设置齐全,项目划分粗细适当。

为了保证定额项目齐全,第一,要加强定额基础资料的日常积累和调查研究,尤其应注意收集和分析整理各项补充定额资料。第二,在设置定额项目时,注意补充反映新结构、新材料、新工艺的定额项目。第三,处理淘汰定额项目,要持慎重态度。除非完全陈旧过时,一般不采取完全废弃的办法。

划分施工定额项目的基础是工作过程或施工工序。不同性质、不同类型的工作过程或工序,都应分别反映在各个施工定额的项目中。即使是次要的,也应在说明、备注和系数中反映出来,这样才能满足适用原则。如果施工定额项目不全,定额的执行范围必然会受到限制,企业或现场的补充定额就会大量出现。这不仅不利于加强管理,而且由于补充定额编制仓促,难以完全排除许多人为因素的影响,很容易产生降低定额水平的情况。定额项目划分的粗细程度与定额步距的大小有直接关系。

在贯彻简明适用性原则时,正确选择产品和材料的计量单位,适当利用系数,辅以必要的说明和附注。

总之,贯彻简明适用性原则,要力争做到施工定额项目齐全、粗细恰当、步距合理。

3. 以专家为主编制定额的原则

编制施工定额,要以专家为主,这是实践经验的总结。

施工定额的编制工作量大,周期长,这项工作又具有很强的政策性和技术性。因此就要求有一支经验丰富、技术全面、管理知识丰富、政策水平高的专家队伍,负责定额的编制工作。为了贯彻这项原则,应做到以下几点:第一,必须保持队伍的稳定性。有了稳定的队伍,才能积累资料、积累经验,保证编制施工定额的延续性。第二,必须注意培训专业人才。使他们既有施工技术、施工管理知识和实践经验,具有编制定额的工作能力,又懂得国家技术经济政策。第三,必须注意走群众路线。因为广大建筑安装工人是施工生产的实践者又是定额的执行者,最了解施工生产的实际、定额的执行情况和存在的问题,要虚心向他们请教。同时由于编制工作直接关系到他们的物质利益,要教育他们用主人翁的态度正确处理好个人和企业利益的关系,以取得他们的配合和支持。尤其是在现场测试和组织新定额试点时,这一点非常重要。处理不好,不仅会产生许多矛盾和误解,而且会影响测试资料的准确性和反映意见的客观性。

4. 时效性原则

企业定额是一定时期内技术发展和管理水平的反映,它的水平是与生产力发展水平相适应的,因此在这段时期内表现出稳定的状态,但这种稳定是相对的,它具有明显的时效性。当施工定额不再适应市场竞争的需要时,就需要进行重新编制或修订以保证它的时效性。

5. 独立自主原则

独立自主原则主要是指施工企业要根据本企业的整体素质自主地确定定额水平,自主地划分定额项目。但施工定额应该是对原有定额的继承和发展。

6. 保密性原则

现今的建筑市场已国际化,强手如林,竞争激烈。各施工企业为了在承揽工程时战胜竞争对手,除了提高企业的整体素质之外,还在想方设法获取对方的各种信息,其中定额水平就是最重要的信息之一。因此施工企业要加强自我保护意识和保密措施。

二、施工定额的编制程序

1. 确定定额项目

为了使编制出的定额内容满足简明适用的要求,必须在认真分析研究各工序的基础上,科学地确定出定额项目的综合程度。做到不同专业的工人或不同的小组完成的工序不连接在一起,但具有可分可合的灵活性。定额项目划分的恰当合理,有利于施工企业组织生产、限额领料,并可进行班组间的经济核算。

2. 选取计量单位

选取计量单位应遵循的原则有:

(1)要能准确反映人工、材料、机械消耗和产品的数量;

(2)要便于组织施工生产,同时容易被工人掌握;

(3)要便于计算、统计、核算工程量;

(4)要便于测定已完成的工作量。

3. 确定定额消耗指标和定额水平

这是编制施工定额最重要也是最烦琐的一步,包括人工、机械、材料消耗量的确定和定额水平的测算。

4. 确定定额的表格形式

定额表应包括的内容和表现形式要满足施工企业生产和管理的要求,通常定额表应包括以下内容:

(1)工作内容;

(2)项目名称和计量单位;

(3)完成定额计量单位产品所消耗的人工、材料和机械的数量标准。

编制好上述内容之后,编写编制说明,汇编成册。

三、人工消耗定额的确定

1. 人工消耗定额的概念

人工消耗定额(也称劳动定额),指在正常技术组织条件和合理劳动组织条件下,生产单位合格产品所需消耗的工作时间,或在一定时间内生产的合格产品数量。在各种定额中,人工消耗定额都是很重要的组成部分。人工消耗的含义是指活劳动的消耗,而不是指活化劳动和物化劳动的全部消耗。

2. 人工消耗定额的编制方法

编制人工消耗定额的方法主要有技术测定法、经验估工法、统计分析法、比较类推法等几种。

1)技术测定法

技术测定法是根据先进合理的生产技术、操作工艺、合理的劳动组织和正常的施工条件,对施工过程中的具体活动进行实地观察,详细地记录施工中工人的工作时间消耗、完成产品的数量以及有关影响因素,将记录的结果加以整理,客观地分析各种因素对产品的工作时间消耗的影响,据此进行取舍,以获得各个项目的时间消耗资料,从而制定劳动定额的方法。这种方法的优点是准确性和科学性较高,缺点是工作量大,比较烦琐,适用于制定新定额和典型定额。

技术测定法通常采用测时法、写实记录法、工作日写实法等计时观察法获得的工时消耗数据,其编制程序如下:

(1)拟定基本工作时间。

基本工作时间是必须消耗的工作时间中最重要,也是所占比重最大的时间,是根据计时观察资料来确定的。其做法是,首先确定工作过程每一组成部分的工时消耗,然后再综合出工作过程的工时消耗。

(2)拟定辅助工作时间和准备与结束工作时间。

辅助工作时间和准备与结束工作时间的确定方法与基本工作时间相同。但是如果这两项工作时间在整个工作班工作时间消耗中所占比重不超过5%~6%,则可按归纳为一项确定。如果计时观察不能取得足够的资料,也可采用工时规范或经验数据来确定。

(3)拟定不可避免的中断时间。

不可避免的中断时间一般也是根据测时资料,经过整理分析获得。在实际测定时由于不容易获得足够的资料,一般可根据经验数据或工时规范,以占工作日的百分比确定此项时间。在确定此项时间时,必须根据中断情况区别对待。如果是由于工艺特点所引起的不可避免中断,此项时间消耗可以列入工作过程的时间定额。如果是由于任务不均、组织不善引起的中断,则这种中断就不应列入工作过程的时间定额,而应通过改善劳动组织,合理安排劳动资源来避免。

(4)拟定休息时间。

休息时间是工人恢复体力和满足生理需要所需的时间,应列入工作过程的时间定额。休息时间应根据作息制度、经验资料、计时观察资料以及对工作的疲劳程度作全面分析来确定,同时应考虑尽可能利用不可避免的中断时间作为休息时间。

从事不同工种、不同工作的工人,其疲劳程度有很大区别。在实际应用时往往根据工作轻重和工作条件的好坏,将工作划分为不同的等级。例如,某地区工时规范根据疲劳程度将工作分为六类,即轻便、较轻、中等、较重、沉重、最沉重。它们的休息时间占工作日的比重分别为4.16%、6.25%、8.33%、11.45%、16.7%、22.9%。

(5)拟定定额时间。

确定的基本工作时间、辅助工作时间、准备与结束工作时间、不可避免的中断时间、休息时间之和,就是劳动定额的定额时间。根据定额时间可计算出产量定额,进而确定出时间定额,计算公式是:

$$作业时间 = 基本工作时间 + 辅助工作时间 \qquad (2-6)$$

$$规范时间 = 准备与结束工作时间 + 不可避免的中断时间 + 休息时间 \qquad (2-7)$$

$$定额时间 = 作业时间 + 规范时间 \qquad (2-8)$$

2)经验估工法

经验估工法是由经验丰富的定额人员、工程技术人员和工人,根据个人或集体的实践经验,经过分析图纸和现场观察,了解施工工艺,分析施工的生产技术组织条件和操作方法的繁简、难易程度等情况,通过座谈讨论制定定额的方法。

运用经验估工法制定的定额,应以工序为对象,将工序分解为操作或动作,分别给出操作或动作的基本工作时间,然后考虑辅助工作时间、准备与结束时间和休息时间,经过综合整理,并对整理结果进行优化处理,即可得出该项工序的时间定额,进而可求出其产量定额。

这种方法的优点是方法简单,工作量小,速度快;其缺点是有时由于技术资料不充分,准确性较差,且容易受参加制定人员的主观因素和局限性的影响,使制定的定额出现偏高或偏低的现象。因此,经验估工法只适用于企业内部作为某些局部项目的补充定额。

为了提高经验估工法的精确度,使取定的定额水平适当,可用概率论的方法来估算定额。这种方法是请有经验的人员分别对某一单位产品或施工过程进行估算,从而得出三个工时消耗数值:先进的(乐观估计)为 a,一般的(最大可能)为 m,保守的(悲观估计)为 b,从而求出它们的平均值 $\bar{t}$:

$$\bar{t} = \frac{a + 4m + b}{6} \qquad (2-9)$$

均方差为:

$$\sigma = \left| \frac{a - b}{6} \right| \qquad (2-10)$$

根据正态分布的公式,调整后的工时定额为:

$$t = \bar{t} + \lambda \sigma \qquad (2-11)$$

式(2-11)中的相关参数可以通过查表 2-14 得到。

表 2-14　正态分布表

λ	$p(\lambda)$	λ	$p(\lambda)$	λ	$p(\lambda)$	λ	$p(\lambda)$	λ	$p(\lambda)$
-2.5	0.01	-1.5	0.07	-0.5	0.31	0.5	0.69	1.5	0.93
-2.4	0.01	-1.4	0.08	-0.4	0.34	0.6	0.73	1.6	0.95
-2.3	0.01	-1.3	0.10	-0.3	0.38	0.7	0.76	1.7	0.96
-2.2	0.01	-1.2	0.12	-0.2	0.42	0.8	0.79	1.8	0.96
-2.1	0.02	-1.1	0.14	-0.1	0.46	0.9	0.82	1.9	0.97
-2.0	0.02	-1.0	0.16	0.0	0.50	1.0	0.84	2.0	0.98
-1.9	0.03	-0.9	0.18	0.1	0.54	1.1	0.86	2.1	0.98
-1.8	0.04	-0.8	0.21	0.2	0.58	1.2	0.88	2.2	0.98
-1.7	0.04	-0.7	0.24	0.3	0.62	1.3	0.90	2.3	0.99
-1.6	0.06	-0.6	0.27	0.4	0.66	1.4	0.92	2.4	0.99

【例 2-3】　已知完成一项工作的先进工时消耗为8h,一般的工时消耗为10h,保守的工时消耗为14h。问:

(1)要使完成任务的可能性为92%,则下达的工时定额应为多少?

(2)如果要求在11.5h内完成,其完成任务的可能性有多大?

解:(1) $a = 8\text{h}$ 　　 $b = 14\text{h}$ 　　 $m = 10\text{h}$

$$\bar{t} = \frac{8 + 4 \times 10 + 14}{6} = 10.3(\text{h})$$

$$\sigma = \left| \frac{8 - 14}{6} \right| = 1(\text{h})$$

$p(\lambda) = 92\% = 0.92$,由表 2-12 查得相应的 $\lambda = 1.4$,则:

$$t = 10.3 + 1.4 \times 1 = 11.7(h)$$

即当完成任务的可能性为 92% 时,应下达的工时定额为 11.7h。

(2)

$$\lambda = \frac{t - \bar{t}}{\sigma} = \frac{11.5 - 10.3}{1} = 1.2$$

由表 2 – 12 查得相应的 $p(\lambda) = 0.88$,即在给定的工时消耗为 11.5h 时,完成任务的可能性为 88%。

3)统计分析法

统计分析法是根据过去施工中同类工程或同类产品工时消耗的统计资料,如施工任务单、考勤表及其他有关统计资料等,并考虑当前生产技术组织条件的变化因素,进行科学的分析研究后制订定额的一种方法。这种方法简便易行,符合实际施工情况。但由于受过去统计资料的限制,准确性较差。

由于统计资料反映的是工人过去已经达到的水平,在统计时没有也不可能剔除施工过程中不合理的因素,因而这个水平一般偏于保守。为了克服统计分析资料的这个缺陷,使确定出来的定额水平保持平均先进的性质,可采用"二次平均法"计算平均先进值作为确定定额水平的依据。

(1)剔除统计资料中特别偏高、偏低的明显不合理的数据;

(2)计算平均数;

$$\bar{t} = \frac{t_1 + t_2 + \cdots + t_n}{n} = \frac{\sum_{i=1}^{n} t_i}{n} \qquad (2 - 12)$$

或

$$\bar{t} = \frac{1}{\sum f} \sum ft \qquad (2 - 13)$$

式中　n——数据个数;

　　　f——频数,即某一数值在数列中出现的次数;

　　$\sum f$——数列中各个数值出现次数的总和;

　$\sum ft$——数列中各个不同数值与各自出现的次数相乘,然后把各个乘积加起来的总和。

(3)计算平均先进值。

平均值与数列中小于平均值的各数值的平均值相加(对于时间定额)或与大于平均值的各数值的平均值相加(对于产量定额),再求其平均数,即第二次平均,这就是确定定额水平的依据。

对于工时定额:

$$\bar{t}_0 = \frac{\bar{t} + \bar{t}_n}{2} \qquad (2 - 14)$$

式中　$\bar{t}_0$——二次平均后的平均先进值;

　　　$\bar{t}$——全数平均值;

　　　$\bar{t}_n$——小于全数平均值的各个数值的平均值。

对于产量定额:

$$\bar{p}_0 = \frac{\bar{p} + \bar{p}_k}{2} \qquad (2 - 15)$$

式中　$\bar{p}_0$——二次平均后的平均先进值;

　　　　$\bar{p}$——全数平均值;

　　　　$\bar{p}_k$——大于全数平均值的各个数值的平均值。

【例 2-4】 已知由统计得来的工时消耗数据资料为 60、40、70、70、70、60、50、50、60、60,试用二次平均法计算其平均先进值。

解:(1)求第一次平均值:

$$\bar{t} = \frac{1}{10}(60 + 40 + 70 + 70 + 70 + 60 + 50 + 50 + 60 + 60) = \frac{1}{10} \times 590 = 59$$

或

$$\bar{t} = \frac{1}{1 + 2 + 4 + 3}(1 \times 40 + 2 \times 50 + 4 \times 60 + 3 \times 70)$$

$$= \frac{1}{10}(40 + 100 + 240 + 210) = \frac{1}{10} \times 590 = 59$$

(2)求平均先进值:

$$\bar{t}_n = \frac{40 + 50 + 50}{3} = 46.67$$

二次平均先进值为

$$\bar{t}_0 = \frac{\bar{t} + \bar{t}_n}{2} = \frac{59 + 46.67}{2} = 52.84$$

所以,52.84 即可作为这一组统计资料整理优化后的数值,可用作为确定定额的依据。

用统计分析法得出的结果一般偏于先进,可能大多数工人达不到,不能较好地体现平均先进的原则。因此,可采用一种概率测算法,以渴望有多少百分比的工人可达到或超过定额作为确定定额水平的依据。这一方法的计算步骤为:

(1)确定有效数据。对取得的某一施工活动的几个工时消耗数据进行整理和分析。

(2)把明显偏高或偏低的数据删掉。

(3)计算工时消耗的平均值。

计算工时消耗数组的均方差 s^2。

$$s^2 = \frac{1}{n-1}\sum_{i=1}^{n}(x_i - \bar{t})^2 \tag{2-16}$$

或

$$s^2 = \frac{1}{\sum f_j - 1}\sum(x_i - \bar{t})^2 f_j \tag{2-17}$$

运用正态分布确定定额水平。正态分布的概率函数为:

$$p(x) = \frac{1}{\sqrt{2\pi}\sigma}\int_{-\infty}^{x_0} e^{\frac{-(x-\bar{t})^2}{2\sigma^2}} dx \tag{2-18}$$

令

$$\lambda = \frac{x - \bar{t}}{\sigma} \tag{2-19}$$

式(2-18)变为

$$\Phi(\lambda) = \frac{1}{\sqrt{2\pi}}\int_{-\infty}^{\lambda_0} e^{-\frac{\lambda^2}{2}} d\lambda \tag{2-20}$$

式中,λ_0 为 x 取 x_0 时 λ 的值。

由式(2－20)得：

$$x = \bar{t} + \lambda\sigma \tag{2-21}$$

则 x_0 与 λ_0 的相应关系为：

$$x_0 = \bar{t} + \lambda_0\sigma \tag{2-22}$$

【例2－3】 已知由统计得来的工时消耗数据资料为60、40、70、70、70、60、50、50、60、60（同例2－4），试用概率测算法确定欲使85%的工人能达到或超过的平均先进值。

解：(1)例2－4已算出：

$$\bar{t} = 59$$

(2)计算标准差：

$$s = \sqrt{\frac{1}{10-1}\left[(40-59)^2 \times 1 + (50-59)^2 \times 2 + (60-59)^2 \times 4 + (70-59)^2 \times 3\right]} = 9.94$$

(3)由正态分布密度函数值表查得：

当　　　　　　　　　　$\Phi(\lambda) = 0.85$ 时，$\lambda_0 = 1.037$

由式(2－22)得

$$x_0 = 59 + 1.037 \times 9.94 = 59 + 10.31 = 69.31$$

而例2－4求出的平均先进值为52.84，能达到此值的概率为：

由式(2－22)

$$\lambda_0 = \frac{x_0 - \bar{t}}{\sigma} = \frac{52.84 - 59}{9.94} = -0.620$$

查表得

$$\Phi(-0.620) = 0.266$$

即只有26.6%的工人能达到此水平。

4)比较类推法

比较类推法又称典型定额法，它是借助同类型或相似类型的产品或工序已精确测定好的典型定额项目的定额水平，经过分析比较，类推出同类中相邻项目定额水平的方法。这种方法简便，工作量小，只要典型定额选择恰当，切合实际，具有代表性，类推出的定额一般比较合理。适用于同类型规格多、批量小的施工过程。随着施工机械化、标准化、装配化程度的不断提高，这种方法的适用范围还会逐步扩大，为了提高定额水平的精确度，通常采用主要项目作为典型定额来类推。采用这种方法时，要特别注意掌握工序、产品的施工(生产)工艺和劳动组织类似或近似的特征，细致地分析施工(生产)过程的各种影响因素，防止将因素变化很大的项目作为典型定额比较类推。

比较类推法中常用的有比例数示法和坐标图示法两种。

(1)比例数示法。

比例数示法又称比例推算法。它是以某些劳动定额项目为基础，通过技术测定或根据统计资料求得相邻项目或类似项目的比例关系来制定劳动定额。这些作为基础的定额项目，一般是执行时间长、资料较多、定额水平比较稳定的项目。

比例数示法可用式(2－23)进行计算：

$$t = pt_0 \tag{2-23}$$

式中　t——需计算的时间定额；

　　　t_0——相邻典型定额项目的时间定额；

　　　p——已确定出的比例。

【例2-6】 已知挖地槽一类土的时间定额及一类土与二、三、四类土的定额比例见表2-15。试计算二、三、四类土的时间定额。

表2-15 挖地槽时间定额用比例数示法确定表

项　目	比例关系	挖地槽深在1.5m以内时间定额		
		上口宽(以内),m		
		0.8	1.5	3.0
一类土	1.00	0.133	0.115	0.108
二类土	1.43	0.190	0.164	0.154
三类土	2.50	0.333	0.288	0.270
四类土	3.75	0.500	0.432	0.405

解:按式(2-23)求出时间定额如下:

当上口宽在0.8m以内时:

二类土:$t=1.43\times0.133=0.190$

三类土:$t=2.50\times0.133=0.333$

四类土:$t=3.75\times0.133=0.500$

当上口宽在0.8~1.5m之间时:

二类土:$t=1.43\times0.115=0.164$

三类土:$t=2.50\times0.115=0.288$

四类土:$t=3.75\times0.115=0.432$

当上口宽在1.5~3.0m之间时:

二类土:$t=1.43\times0.108=0.154$

三类土:$t=2.50\times0.108=0.270$

四类土:$t=3.75\times0.108=0.405$

将计算结果填入表2-15,如表2-16所示。

表2-16 挖地槽时间定额用表

项　目	比例关系	挖地槽深在1.5m以内		
		上口宽/m		
		0.8	1.5	3
一类土	1.00	0.133	0.115	0.108
二类土	1.43	0.190	0.164	0.154
三类土	2.50	0.333	0.288	0.270
四类土	3.75	0.500	0.432	0.405

(2)坐标图示法

坐标图示法又称图表法,它是用坐标图的表格制定劳动定额的一种方法。其具体做法是,选择一组同类型典型定额项目,以影响因素为横坐标,与之相对应的工时(或产量)为纵坐标,将这些典型定额项目的定额水平用点标在坐标纸上,各点依次连接成线,在此定额线上即可找出所需项目的定额水平。

2.机械定额的编制方法

施工机械消耗定额,是合理组织机械化施工,有效利用施工机械,进一步提高机械生产率的必备条件。编制施工机械定额,主要包括以下内容。

1)拟定机械工作的正常条件

机械工作和人工操作相比,劳动生产率在更大的程度上要受到施工条件的影响。所以编制施工定额时更应重视确定出机械工作的正常条件。拟定机械工作正常条件,主要是拟定工作地点的合理组织和合理的工人编制。

工作地点的合理组织,就是对施工地点机械和材料的放置位置、工人从事操作的场所,做出科学合理的平面布置和空间安排。它要求施工机械和操纵机械的工人在最小范围内移动,但又不阻碍机械运转和工人操作;应使机械的开关和操纵装置尽可能集中地装置在操纵工人的近旁,以节省工作时间和减轻劳动强度;应最大限度发挥机械的效能,减少工人的手工操作。

拟定合理的工人编制,就是根据施工机械的性能和设计能力,工人的专业分工和劳动工效,合理确定操纵机械的工人和直接参加机械化施工过程的工人的编制人数。确定操纵和维护机械的工人编制人数及配合机械施工的工人编制,如配合吊装机械工作的工人等。

拟定合理的工人编制、应要求保持机械的正常生产率和工人正常的劳动工效。

2)确定机械1h纯工作正常生产率

确定机械正常生产率时,必须首先确定出机械纯工作1h的正常生产效率。机械纯工作时间,就是指机械的必需消耗时间。包括在满载和有根据地降低负荷下的工作时间、不可避免的无负荷工作时间和必要的中断时间。机械1h纯工作正常生产率,就是在正常施工组织条件下,具有必需的知识和技能的技术工人操纵机械1h的生产率。

根据机械工作特点的不同,机械1h纯工作正常生产率的确定方法,也有所不同。

(1)循环动作机械。

对于循环动作机械,它的机械纯工作1h正常生产率的计算步骤如下:

①根据现场观察资料和机械说明书确定各循环组成部分的延续时间:

②将各循环组成部分的延续时间相加,减去各组成部分之间的交叠时间,求出循环过程的正常延续时间。

$$\text{机械循环一次的正常延续时间} = \Sigma \text{循环各组成部分正常延续时间} - \text{交叠时间}$$

$$(2-24)$$

③计算机械纯工作1h的正常循环次数:

$$\frac{\text{机械纯工作}}{\text{1h 的循环次数}} = \frac{60 \times 60}{\text{循环一次的正常延续时间}} \qquad (2-25)$$

④计算循环机械纯工作1h的正常生产率。

$$\frac{\text{机械纯工作}}{\text{1h 正常生产率}} = \frac{\text{机械纯工作}}{\text{1h 的循环次数}} \times \frac{\text{循环一次生产}}{\text{产品的数量}} \qquad (2-26)$$

(2)连续动作机械。

对于工作中只做某一动作的连续动作机械,确定机械纯工作1h正常生产率时,要根据机械的类型和结构特征,以及工作过程的特点来进行。

根据机械结构特征,确定纯工作1h正常生产率,计算公式为:

$$\frac{\text{机械纯工作1h}}{\text{正常生产率}} = \frac{\text{工作时间内的产品数量}}{\text{工作时间}} \qquad (2-27)$$

工作时间内的产品数量和工作时间的消耗,要通过多次现场观察和机械说明书来取得数据。对于同一机械进行作业属于不同的工作过程,如挖掘机所挖土壤的类别不同,碎石机所破碎的石块硬度和粒径不同,均需分别确定其纯工作 1h 的正常生产率。

3)确定施工机械的正常利用系数

施工机械的正常利用系数,是指机械在正常工作条件下,在工作班内对工作时间的利用率。机械的利用系数与机械在工作班内的工作状况有着密切的关系。所以,要确定机械的正常利用系数,首先要拟定机械工作班的正常工作状况,保证合理利用工时。

确定机械正常利用系数,要计算工作班内机械在正常状况下准备与结束、机械维护等工作所必需消耗的时间和机械有效工作时间,从而计算出机械正常利用系数。其计算公式如下:

$$\frac{机械正常}{利用系数} = \frac{机械在一个工作内纯工作时间}{一个工作班延续时间} \tag{2-28}$$

4)计算机械台班定额

计算机械台班定额是编制工作的最后一步,其计算公式如下:

$$\frac{施工机械台班}{产量定额} = 机械1h纯工作正常生产率 \times 工作班纯工作时间 \tag{2-29}$$

或

$$\frac{施工机械台班}{产量定额} = \frac{机械1h纯工作}{正常生产率} \times 工作班延续时间 \times 机械正常利用系数 \tag{2-30}$$

根据施工机械台班产量定额,通过下列公式,可以计算出施工机械时间定额:

$$\frac{施工机械}{时间定额} = \frac{1}{机械台班产量定额} \tag{2-31}$$

3. 材料定额的编制方法

建筑材料在建筑施工中用量巨大。合理地编制材料消耗定额,不仅能促使企业降低施工成本,而且对于合理利用有限资源也具有深远意义。

1)材料消耗性质

合理确定材料消耗定额,必须认真研究和分析材料在施工过程中消耗的性质。施工中材料的消耗,按消耗的性质可分为必需的材料消耗和损失的材料两类。

必须消耗的材料,是指在合理使用材料的条件下,生产合格产品所需消耗的材料。它包括直接用于建筑和安装工程的材料、不可避免的施工废料和不可避免的材料损耗。必须消耗的材料属于施工正常消耗,是确定材料消耗定额的基本数据。根据直接用于建筑和安装工程的材料,编制材料净用量定额。根据不可避免的施工废料和材料损耗,编制材料损耗定额。

2)确定材料消耗量的基本方法

确定材料净用量定额和材料损耗定额的计算数据,是通过现场技术测定、实验室试验、现场统计和理论计算等方法获得的。

(1)现场技术测定法,主要用来编制材料损耗定额,也可以提供编制材料净用量定额的参考数据。其优点是能通过现场观察、测定,取得产品产量和材料消耗的情况,为编制材料定额提供技术根据;缺点是工作量大,比较烦琐。

(2)实验室试验法,主要用来编制材料净用量定额。通过试验,能够对材料的结构、化学成分和物理性能以及按强度等级控制的混凝土、砂浆配比做出科学的结论,给编制材料消耗定额提供出有技术根据的、比较精确的计算数据。用于施工生产时,必须对其加以必要的调整方可作为定额数据。

（3）现场统计法，是通过对现场进料、用料的大量统计资料进行整理分析计算，获得材料消耗的数据。这种方法由于不能分清材料消耗的性质，因而不能作为确定材料净用量定额和材料损耗定额的依据。

（4）理论计算法，是运用数学公式计算材料消耗的一种方法，它要求建筑材料形状规整。例如，砌砖工程中砖和砂浆净用量一般都采用下列公式计算。

①计算每立方米 1/2 砖墙砖的净用量：

$$砖数 = \frac{1}{(砖长 + 灰缝) \times (砖厚 + 灰缝)} \times \frac{1}{砖宽} \qquad (2-32)$$

②计算每立方米 1 砖墙砖的净用量：

$$砖数 = \frac{1}{(砖宽 + 灰缝) \times (砖厚 + 灰缝)} \times \frac{1}{砖长} \qquad (2-33)$$

③计算每立方米 1 砖半墙砖的净用量：

$$砖数 = \left[\frac{1}{(砖长 + 灰缝) \times (砖厚 + 灰缝)} + \frac{1}{(砖宽 + 灰缝) \times (砖厚 + 灰缝)} \right] \times$$
$$\frac{1}{砖长 + 砖宽 + 灰缝}$$
$$(2-34)$$

④计算每立方米 2 砖墙砖的净用量：

$$砖数 = \frac{2}{(砖宽 + 灰缝) \times (砖厚 + 灰缝)} \times \frac{1}{2 \times 砖长 + 灰缝} \qquad (2-35)$$

⑤计算砂浆用量：

$$砂浆(m^3) = (1m^3 \ 砌体 - 砖数的体积) \times 1.07 \qquad (2-36)$$

式中，1.07 是砂浆实体积折合为虚体积的系数。

砖和砂浆的损耗量是根据现场观察资料计算的，并以损耗率表现出来。净用量和损耗量相加，即等于材料的消耗总量。

思 考 题

1. 什么是劳动消耗定额？劳动定额最基本的表现形式有哪几种？它们之间的关系是什么？

2. 什么是施工过程？施工过程如何分类？

3. 施工过程如何划分？请举实例说明。

4. 工人工作时间如何分类？它们的大小各与哪些因素相关？

5. 什么是计时观察法？在施工中运用计时观察法的主要目的是什么？它适用于研究什么施工过程的工时消耗？

6. 计时观察法有哪几种类型？试述它们各自的特点、步骤和适用范围。

7. 制定人工定额消耗量有哪几种方法？试述它们各自的特点。

8. 现行《全国统一建筑安装工程劳动定额》属于什么标准，它由哪几部分组成？

9. 现行《全国统一建筑安装工程劳动定额》中的定额时间由哪些部分组成？

10. 在确定人工定额消耗量时，影响工时消耗的因素有哪些？

11. 什么是材料消耗定额？它有哪几种制定方法？

12. 机械工作时间如何分类？

13. 什么是机械台班消耗定额？它有几种表现形式？

14. 试述机械台班定额消耗量的确定方法。

15. 什么是材料的定额损耗量？它主要包括哪些损耗？如何计算？

自测题（二）

一、单项选择题

1. 工作过程是同一工人或小组所完成的在技术操作上相互有机联系的( )总合体。
   A 工序　　　　　B 动作　　　　　C 操作　　　　　D 工艺

2. 在用计时观察法编制施工定额时,( )是主要的研究对象。
   A 操作　　　　　B 工序　　　　　C 工作过程　　　　D 综合工作过程

3. 砌砖时的取砖、铺砖、找平等属于( )。
   A 施工动作　　　B 施工操作　　　C 工作过程　　　D 施工过程

4. 混凝土调制、运送、浇灌和捣实等属于( )。
   A 工作过程　　　B 工序　　　　　C 施工操作　　　D 综合工作过程

5. 在施工中,由于砖层垒砌不正确而加以更新所消耗的时间应该属于( )。
   A 基本工作时间　　　　　　　　B 辅助工作时间
   C 多余工作时间　　　　　　　　D 施工本身造成的停工时间

6. 当产量增加10%时,时间定额为( )。
   A 增加10%　　　B 减少10%　　　C 增加9.1%　　　D 减少9.1%

7. 下列方法中属于研究整个工作班内各种工时消耗的方法是( )。
   A 测时法　　　　B 写实记录法　　C 工作日写实法　D 动作研究法

8. 主要适用于测定定时重复的循环工作工时消耗的计时观察法是( )。
   A 测时法　　　　B 写实记录法　　C 实验室试验法　D 工作日写实法

9. 建筑工程中必须消耗的材料中不包括( )。
   A 直接用于建筑工程的材料　　　B 不可避免的施工废料
   C 不可避免的场外运输损耗材料　D 不可避免的材料损耗

10. 施工机械工作时间中不可避免的无负荷工作时间应属于( )。
    A 停工时间　　　　　　　　　　B 不可避免中断时间
    C 必需消耗的时间　　　　　　　D 有效工作时间

11. ( )用来对整个工作班或半个工作班进行长时间观察。
    A 测时法　　　　B 混合法　　　　C 图示法　　　　D 数示法

12. 工人在正常施工条件下,为完成一定产品或工作任务所消耗的时间称为( )。
    A 工作过程　　　B 产量定额的时间　C 劳动定额的时间　D 施工定额的时间

13. 由于机械保养而中断的时间属于( )。
    A 有效工作时间　　　　　　　　B 多余工作时间
    C 不可避免的中断时间　　　　　D 停工时间

14. 具有技术简便,费时不多,应用面广和资料全面的优点,且要我国广泛使用的计时观测方法是( )。

A 测时法　　　　　　　B 写实记录法　　　　C 工作日写法　　　D 混合法

二、多项选择题

1. 工序指组织上分不开,技术上相同的施工过程,其特征是( )均不发生变化。

A 工人编制　　　　　　　　B 工作地点　　　　　　C 机具

D 材料　　　　　　　　　　E 工作过程

2. 根据施工过程中组织上的复杂程度,可将施工过程分为( )。

A 工序　　　　　　　　　　B 工作过程　　　　　　C 综合工作过程

D 动作　　　　　　　　　　E 操作

3. 施工过程的影响因素有( )。

A 技术因素　　　　　　　　B 组织因素　　　　　　C 工艺因素

D 自然因素　　　　　　　　E 材料因素

4. 运用工作日写实法可以达到( )目的。

A 取得编制定额的基础资料

B 进行工作时间的分类

C 检查定额执行情况,找出问题,改进工作

D 对施工过程研究

E 找出工时损失的原因和研究缩短工时,减少损失的可能性

5. 属于写实记录法的是( )。

A 数示法　　　　　　　　　B 图示法　　　　　　　C 混合法

D 接续测时法　　　　　　　E 选择测时法

6. 机械台班定额时间中,不可避免的中断时间包括( )。

A 施工本身造成的中断时间　　　　　　　B 因气候条件引起的中断时间

C 与工艺过程特点有关的中断时间　　　　D 与机械保养有关的中断时间

E 工人正常休息时间

7. 制定劳动定额遵循平均先进原则必须处理好( )的关系。

A 数量与质量　　　　　　　　　　　　　B 合理的劳动组织

C 合理的项目划分　　　　　　　　　　　D 明确劳动手段和劳动对象

E 明确计算方法的章节编排

8. 与完成工作量大小有关的时间有( )

A 准备与结束时间　　　　　　　　　　　B 基本工作时间

C 辅助工作时间　　　　　　　　　　　　D 休息时间

E 多余和偶然工作损失时间

三、计算题

1. 有工时消耗统计数组:35、40、60、55、65、65、50、40、90、55。试检查观察次数是否满足需要? 并对其进行整理。

2. 某人工挖土方测时资料表明,挖 1m³ 土需消耗基本工作时间 65min,辅助工作时间占工作延续时间的 4%,准备与结束时间、不可避免中断时间、休息时间分别占工作延续时间的比

例为 1%、1%、20%。试计算挖土项目的时间定额和产量定额。

3.某工程有 150m³ 的标准基础,每天有 25 名专业工人投入施工,时间定额为 0.937 工日/m³。试计算完成该项工程的施工天数。

4.某工程现场采用 500L 的混凝土搅拌机,每一次循环中需要的时间分别为,装料 1min、搅拌 4min、卸料 1.5min、中断 1min,机械正常利用系数为 0.85。试计算该搅拌机的台班产量。

5.墙面砖规格为 240mm × 60mm × 6mm,灰缝为 5mm,其损耗率为 1.5%,试计算 100m² 墙面的墙面砖消耗量。

6.筑 1 砖墙的技术测定资料如下:

(1)完成 1m³ 的砖墙需基本工作时间 15.5h,辅助工作时间占工作班延续时间的 3%,准备与结束工作时间占 3%,不可避免中断时间占 2%,休息时间占 16%。

(2)砖墙采用 M5 水泥砂浆,实体积与虚体积之间的折算系数为 1.07,砖和砂浆的损耗率均为 1‰,完成 1m³ 砌体需耗水 0.8m³。

(3)砂浆采用 400L 搅拌机现场搅拌,运料需要 200s,装料 50s,搅拌 80s,卸料 30s,不可避免中断 10s,机械利用系数 0.8。

试计算砌筑 1m³ 砖墙的人工、材料、机械台班消耗量。

第三章 企业定额

第一节 概 述

近年来,随着《招投标法》《建设工程工程量清单计价规范》的先后颁布实施,我国建设工程计价模式正由原来的"政府统一价格"向"控制量、指导价、竞争费"方向转变,并最终达到"政府宏观调控、企业自主报价、市场形成价格、政府全面监督"的改革目标。建筑施工企业为适应工程计价的改革,就必须更新观念,未雨绸缪,适应环境,以市场价格为依据形成建筑产品价格,按照市场经济规律建立符合企业自身实际情况和管理要素的有效价格体系,而这个价格体系中的重要内容之一就是"企业定额"。

一、企业定额的概念

企业定额是企业根据自身的经营范围、技术水平和管理水平,在一定时期内完成单位合格产品所必需的人工、材料、施工机械的消耗量以及其他生产经营要素消耗的数量标准。

建筑产品价格与工程量、计价基础之间存在着密切关系,当工程量已定,那么决定建筑产品价格的重要因素就是计价基础——定额或标准。预算定额是按社会必要劳动量原则确定了生产要素的消耗量,确定了定额的"量";由于这种"量"是按社会平均确定的,故它决定了完成单位合格产品的生产要素消耗量是一个社会平均消耗,在这种情况下,它对企业来说仅为参考定额。即使人工、材料、机械台班的价格在市场要求非常到位的情况下,其所确定的建筑产品价格,也只是代表企业平均水平的社会生产价格。这种价格,用于投标报价,就等于让建筑产品的每一次具体交换,都使其价格与社会生产价格相符。它不仅淡化了价格机制在建筑市场中的调节作用,而且还因价格触角缺乏灵敏度从而导致企业按市场机制运作能力的退化,不利于企业的发展。企业定额则是按建筑企业自身的生产消耗水平、施工对象和组织管理水平等特点,来确定定额的"量",由市场实际和企业自身采购渠道来确定与"量"对应的人工单价、材料价格和机械台班价格来确定定额的"价"。这样就可以保证施工企业按个别成本自主报价,也符合了市场经济的客观要求。企业定额反映的是企业施工生产与生产消费的数量关系,不仅能体现企业个别的劳动生产率和技术生产装备水平,同时也是衡量企业管理水平的标尺,是企业加强集约经营、精细管理的前提和主要手段。

作为企业定额,一般应具备以下特点:

(1)水平先进性,其人工、材料、机械台班及其他各项消耗应低于社会平均劳动消耗量,才能保证企业在竞争中取得先机。

(2)技术优势性,其内容必须体现企业自身在技术上的某些特点和优势。

(3)管理优胜性,其编制过程与依据应表现企业在组织管理方面的特长和优势。

(4)价格动态性,其价格应反映企业在市场操作过程中能取得的实际价格。

二、企业定额的作用

企业定额作为企业内部生产管理的标准文件,是建筑施工企业生产经营活动的基础,是组织和指挥生产的有效工具,是企业进行编制工程投标报价的依据,是优化施工组织设计的依据,是企业成本核算、经济指标测算及考核的依据,是计算工人劳动报酬的依据,是专业分包计价的依据。

1. 企业定额在工程量清单计价中的作用

为适应我国建筑市场的发展,同时与国际建筑市场接轨,2013 年,建设部发布了《建设工程工程量清单计价规范》(以下简称《计价规范》)。建设工程在招标投标工作中,由招标人按照《计价规范》中统一的工程量计算规则提供工程量清单,由投标人对各项工程量清单自主报价,经评审合理报价的企业为中标企业的工程造价计价模式。因此,工程量清单计价为企业在工程投标报价中进行自主报价提供了相对自由宽松的环境,在这种环境下,企业定额是企业投标时自主报价的基础和主要依据。

在确定工程投标报价时,第一,要根据企业定额,结合当地物价水平、劳动力价格水平、设备购置与租赁、施工组织方案、现场环境等因素计算出本企业拟完成投标工程的基础报价;第二,要根据企业的其他生产经营要素,测算管理费,并按相关规定计算相关规费、税金等;第三,要根据政府政策要求、招标文件中合同条件、发包方信誉及资金实力等客观条件确定在该工程上拟获得的利润,以及预计的工程风险和其他应考虑的因素,从而确定投标报价。按以上三个要点,投标企业依据企业定额进行各分项工程量清单的组价,汇总各工程量清单单价,形成投标报价。

2. 企业定额在合理低价中标中的作用

在工程招投标活动中,有些招标单位采用合理低价中标法选择承包方占的比重很大,评标中规定:除承包方资信、施工方案满足招标工程要求外,工程投标报价将作为主要竞争内容,应选择合理低价的单位为中标单位。

企业在参加投标时,首先根据企业定额进行工程成本预测,通过优化施工组织设计和高效的管理,将竞争费用中的工程成本降到最低,从而确定工程最低成本价;其次依据测定的最低成本价,结合企业内外部客观条件、所获得的利润等报出企业能够承受的合理最低价。以企业定额为基础参与低价中标的投标活动,可避免盲目降价导致报价低于工程成本继而中标后出现成本亏损现象的发生。

国外许多工程招标均采用合理低价法,企业定额也可作为企业参与国外工程项目投标报价的依据。

3. 企业定额在企业管理中的作用

施工企业项目成本管理是指施工企业对项目发生的实际成本通过预测、计划、核算、分析、考核等一系列活动,在满足工程质量和工期的条件下采取有效的措施,不断降低成本,达到成本控制的预期目标。目前许多施工企业实行了项目经理责任制,因此企业定额就成为实现项目成本管理目标的基础和依据。

项目部责任目标的实现,一方面是以企业定额为依据参加投标报价中标的工程,其工程造价已按企业定额确定,也就是固定价合同。因此在确定收入的前提下,如何控制成本支出成为管理的重点。项目部应以企业定额为标准,将构成工程成本中人工、材料、机械和现场各项费用的支出,分别制定计划,按照作业计划下达施工任务书和限额领料单来组织和指挥施工队进行施工,对超企业定额用量的应及时采取措施进行控制。企业定额在项目管理中的应用,可以起到控制成本、降低费用开支的作用,同时也为企业加强项目核算和增加盈利创造了良好的条件。另一方面是采用企业定额投标的项目,企业定额在项目管理中除上述作用外,还是企业对项目进行责任目标下达、实施项目过程控制和项目终结考核兑现的依据。

在企业日常管理中，以企业定额为基础，通过对项目成本预测、过程控制和目标考核的实施，可以核算实际成本与计划成本的差额，分析原因，总结经验，不断促进并提升企业的总体管理水平，同时这些管理办法的实施也对企业定额的修改和完善起着重要的作用。所以企业应不断积累各种结构形式下成本要素的资料，逐步形成科学合理，且能代表企业综合实力的企业定额体系。

从本质上讲，企业定额是企业综合实力和生产、工作效率的综合反映。企业综合效率的不断增长，还依赖于企业营销与管理艺术和技术的不断进步，反过来又会推动企业定额水平的不断提高，形成良性循环，企业的综合实力也会不断地发展进步。

4. 企业定额有利于建筑市场健康和谐发展

施工企业的经营活动应通过项目的承建，谋求质量、工期、信誉的最优化。唯有如此，企业才能走向良性循环的发展道路，建筑业也才能走向可持续发展的道路。企业定额的应用，促使企业在市场竞争中按实际消耗水平报价。这就避免了施工企业为了在竞标中取胜，无节制地压价、降价，造成企业效率低下、生产亏损、发展滞后现象的发生，也避免了业主在招标中滋生腐败的行为。在我国现阶段建筑业由计划经济向市场经济转变的时期，企业定额的编制和使用一定会对规范发包、承包行为，对建筑业的可持续发展，产生重大而深远的影响。

企业定额适应了我国工程造价管理体系和管理制度的变革，是实现工程造价管理改革最终目标不可或缺的一种重要环节。以各自的企业定额为基础按市场价格做出报价，就能真实地反映出企业成本的差异，在施工企业之间形成实力的竞争，从而真正达到市场形成价格的目的。因此，可以说企业定额的编制和运用是我国工程造价领域改革关键而重要的一步。

三、企业定额的编制原则

施工企业编制企业定额，纵向应该根据企业实际情况坚持既要结合历年定额水平，又要放眼企业今后的发展趋势；横向与国内外建筑市场相适应，按市场经济规律办事，特别应注意与《建筑工程工程量清单计价规范》衔接。具体就施工企业编制企业定额而言，不但要与历史水平相比，还要与客观实际相比，要使本企业在正常经营管理情况下，经过努力和改进，可以达到定额水平。

1. 先进性原则

我国现行《全国统一建筑工程基础定额》的水平是以正常的施工条件，多数建筑施工企业的施工机械装备程度，合理的施工工期、施工工艺、劳动组织为基础编制的，它反映了社会平均消耗水平标准；而企业定额水平反映的是一定的生产经营范围内、在特定的管理模式和正常的施工条件下，某一施工企业的项目管理部经合理组织、科学安排后，生产者经过努力能够达到和超过的水平。这种水平既要在技术上先进，又要在经济上合理可行，是一种可以鼓励中间、鞭策落后的定额水平，这种定额水平的制定将有利于企业降低人工、材料、机械的消耗，有利于提高企业管理水平和获取最大的利益，而且，还能够正确地反映比较先进的施工技术与施工管理水平，以促进新技术、新材料、新工艺在施工企业中的不断推广应用和施工管理的日益完善。同时企业定额还应包括传统预算定额中包含的合理的幅度差等可变因素，其总体水平应超过或高于社会平均消耗水平。

2. 适用性原则

企业定额作为企业投标报价和工程项目成本管理的依据，在编制企业定额时，应根据企业的经营范围、管理水平、技术实力等合理地进行定额的选项及其内容的确定。在编制选项思路上，应与国家标准《建设工程工程量清单计价规范》中的项目编码、项目名称、计量单位等保持一致和衔接，这样既有利于满足清单模式下报价组价的需要，也有利于借助国家规范尽快建立自己的定额标准，更有利于企业个别成本与社会平均成本的比较分析。对影响工程造价主要、常用的项目，在选项上应比传统预算定额详尽具体。例如，钢筋混凝土工程中，可将混凝土浇筑按其运输方式不同分为卷扬机和塔吊；钢筋制作绑扎可按不同规格、材质分别列项等；对一些次要的、价值小的项目在确保定额通用性的同时尽量综合，便于以后定额的日常管理。适用性原则还体现在，企业定额设置应简单明了、便于使用，同时满足项目劳动组织分工、项目成本核算和企业内部经济责任考核等方面的需求。

3. 量价分离的原则

企业定额中形成工程实体的项目实行固定量、浮动价和规定费的动态管理计价方式。企业定额中的消耗量在一定条件下是相对固定的，但不是绝对的永恒，企业发展的不同阶段企业定额中有不同的定额消耗量与之相适应，同时企业定额中的人工、材料、机械价格以当期市场价格计入；组织措施费根据企业内部有关费用的相关规定、具体施工组织设计及现场发生的相关费用进行确定；技术措施性费用项目（如脚手架、模板工程等）应以固定量、不计价的不完全价格形式表现，这类项目在具体工程项目中可根据工程的不同特点和具体施工方案，确定一次投入量和使用期进行计价。如：周转材料租赁费＝工程量×定额一次使用量×一次使用期×租赁单价。

4. 独立自主编制原则

施工企业作为具有独立法人地位的经济实体，应根据企业的实际情况，结合政府的价格政策和产业导向，根据企业的运行体制和管理环境等独立自主地确定定额水平，划分定额项目，补充新的定额子目。在推行工程量清单计价的环境下，应注意在计算规则、项目划分和计量单位等方面与国家相关规定保持衔接。

5. 快捷性原则

定额数据种类广、数据量大，在编制过程中应充分利用计算机技术的实时响应、存储量大、计算准确快捷等优势，完成原始数据资料的收集、整理、分析及后期数据的合成、更新等任务。实践证明，利用信息化技术建立起完善的工程测算信息系统是企业定额编制工作准确快捷和顺利进行的有力保证。

6. 动态性原则

当前建筑市场新材料、新工艺层出不穷，施工机具及人工市场变化也日新月异，同时，企业作为独立的法人盈利实体，其自身的技术水平在逐步提高，生产工艺在不断改进，企业的管理水平也在不断提升。所以企业定额应与企业实时的技术水平、管理水平和价格管理体系保持同步，应当随着企业的发展而不断得到补充和完善。

四、企业定额的编制依据

企业定额的编制依据主要有：
(1)国家的有关法律、法规，政府的价格政策，现行劳动保护法律、法规；
(2)现行的建筑安装工程施工及验收规范，安全技术操作规程，国家设计规范；
(3)通用性的标准图集，具有代表性工程的施工项目；

（4）《建设工程工程量清单计价规范》、《全国统一建筑工程基础定额》、《建筑安装工程劳动定额》、《建筑装饰工程劳动定额》、各地区统一预算定额和取费标准；

（5）企业的管理模式，技术水平，财务统计资料，工程施工组织方案，现场实际调查和测定的有关数据，工程具体结构和难易程度状况，以及采用的新工艺、新技术、新材料、新方法等。

五、企业定额编制步骤

1. 成立企业定额编制领导和实施机构

企业定额编制一般应由专业分管领导全权负责，抽调各专业骨干成立企业定额编制组（或专职部门），以公司定额编制组为主，以工程管理部、材料机械管理部、财务部、人力资源部以及各现场项目经理部配合（专业部门名称因企业不同可能有所不同）进行企业定额的编制工作，编制完成后归口部门对相关内容进行相应的补充和完善。

2. 制定企业定额编制详细方案

根据企业经营范围及专业分布确定企业定额编制大纲和范围，合理选择定额各分项及其工作内容，确定企业定额各章节及定额说明，确定工程量计算规则，调整确定子目调节系数及相关参数等。

3. 明确职责，确定具体工作内容

定额编制组负责确定企业定额计算方法，测算资源消耗数量、摊销数量、损耗量，确定相关人工价格、材料价格、机械价格，汇总并完成全部定额编制文稿，测算企业定额水平，建立相应的定额消耗量库、材料库、机械台班库；工程管理部、人力资源部和材料机械管理部负责采集和整理现场资料，详细提供人工信息、机械相关参数、工序时间参数，提供临时设施、技术措施发生的费用，确定合理工期等；财务部主要负责对项目现场管理费用定额的编制，分析整理历年公司施工管理费用资料，按定额步距分别形成费用定额；各项目经理部主要负责提供现场资料，按企业定额编制组提出的要求收集本项目实际生产资料，包括人工、材料、机械以及其他现场直接费等现场实际发生的费用、资源消耗情况、劳动力分布、机械使用、能耗，同时应对收集资料的状况（环境）进行详细描述。

4. 确定人工、材料、机械台班消耗量

人工、材料、机械台班消耗量的确定是企业定额编制工作的关键和重点所在，在实际编制过程中主要采用现场观察测定法、经验统计法、定额修正法、理论计算法、造价软件法等方法。

5. 整理汇总各专业定额

各专业定额编制完成后，将定额投入到实际生产活动中进行试运行，试运行期间对出现的问题及时纠正和整改，并不断完善。试运行基本稳定后由定额编制组对各专业定额进行汇总并装订成册，正式投入运行。

6. 企业定额的补充完善

企业定额的补充完善是企业定额体系中的一个重要内容，也是一项必不可少的内容。企业定额应随着企业的发展、材料的更新以及技术和工艺的提高而不断得到补充和完善。实际工作中须对企业定额进行补充完善时常见的有下列几种情形：

（1）当设计图纸中某个工程采用新的工艺和材料，而在企业定额中未编制此类项目时，为了确定工程的完整造价，就必须编制补充定额。

（2）当企业的经营范围扩大时，为满足企业经营管理的需要，就应对企业定额进行补充完善。

（3）在应用过程中，企业定额所确定的各类费用参数与实际有偏差时，需要对企业定额进行调整修改。

第二节　企业定额的编制

一、企业定额的组成

从内容构成上讲，企业定额一般应由工程实体消耗定额、措施性消耗定额、施工取费定额、企业工期定额等构成。

1.工程实体消耗定额

工程实体消耗定额，即构成工程实体的分部（项）工程的工、料、机的定额消耗量。实体消耗量就是构成工程实体的人工、材料、机械的消耗量，其中人工消耗量要根据企业工程的操作水平确定；材料消耗量不仅包括施工过程中的净消耗量，还应包括施工损耗；机械消耗量应考虑机械的损耗率。

2.措施性消耗定额

措施性消耗定额，即是指定额分项工程项目内容以外，为保证工程项目施工，发生于该工程施工前和施工过程中非工程实体项目的消耗量或费用开支的定额消耗量。措施性消耗量是指为了保证工程组成施工所采用的措施的消耗，是根据工程当时当地的情况以及施工经验进行的合理配置，应包括模板的选择、配置与周转，脚手架的合理使用与搭拆，各种机械设备的合理配置等措施性项目。

3.施工取费定额

施工取费定额，即由某一自变量为计算基础的，反映专项费用企业必要劳动量水平的百分率或标准。它一般由计费规则、计价程序、取费标准及相关说明等组成。各种取费标准，是为施工准备、组织施工生产和管理所需的各项费用标准，如企业管理人员的工资、各种基金、保险费、办公费、工会经费、财务经费、经常费用等，同时也包括利润与按有关规定计算的规费和税金。

4.企业工期定额

企业工期定额，即由施工企业根据以往完成工程的实际积累参考全国统一工期定额制定的工程项目施工消耗的时间标准。它一般由民用建筑工程、工业建筑工程、其他建筑工程、分包工程工期定额及相关说明组成。

二、企业定额的编制方法

1.现场观察测定法

现场观察测定法以研究工时消耗为对象，以观察测时为手段，通过密集抽样和粗放抽样等技术进行直接的时间研究，确定定额人工、材料、机械消耗水平。这种方法以研究消耗量为对象、观察测定为手段，深入施工现场，在项目相关人员的配合下，通过分析研究，获得该工程施工过程中的技术组织措施和人工、材料、机械消耗量的基础资料，从而确定人工、材料、机械定额消耗水平。这种方法的特点，是能够把现场工时消耗情况和施工组织技术条件联系起来加以观察、测时、计量和分析，以获得一定技术条件下工时消耗的基础资料。这种方法技术简便、应用面广、资料全面,适用于影响工程造价大的主要项目及新技术、新工艺、新施工方法的劳动力消耗和机械台班水平的测定。

例如,人工消耗量的确定。

时间定额和产量定额是人工定额的两种表现形式,算出时间定额,也就可以定出产量定额。首先确定时间定额中的工作延续时间,其计算公式为:

$$工作延续时间 = 基本工作时间 + 辅助工作时间 + 准备与结束工作时间 +$$
$$不可避免中断时间 + 休息时间 \tag{3-1}$$

在计算时,由于除基本工作时间外的其他时间一般用占工作延续时间的比例来表示,因此计算公式又可以改写为:

$$工作延续时间 = \frac{基本工作时间}{1 - 其他工作时间占工作延续时间的比例} \tag{3-2}$$

其次确定产量定额,其公式为:

$$产量定额 = 1/时间定额 \tag{3-3}$$

最后计算企业定额人工消耗量,其计算公式为:

$$企业定额人工消耗量 = 时间定额 \times (1 + 人工幅度差系数) \tag{3-4}$$

在确定人工消耗量时需要注意的是:在统计人工消耗量时,定额人工消耗量不应含机械工(司机)的消耗量,机械工应包含在机械消耗定额之中。

2. 经验统计法

经验统计法是运用抽样统计的方法,从以往类似工程的施工竣工结算资料和典型设计图纸资料及成本核算资料中抽取若干个项目的资料,进行分析、测算及定量的方法。运用这种方法,首先要建立一系列数学模型,对以往不同类型的样本工程项目成本降低情况进行统计、分析,然后得出同类型工程成本的平均值或是平均先进值。由于典型工程的经验数据权重不断增加,使其统计数据资料越来越完善、真实、可靠。此方法的特点是积累过程长,但统计分析细致,使用时简单易行,方便快捷。缺点是模型中考虑的因素有限,而工程实际情况则要复杂得多,对各种变化情况的需要不能一一适应,准确性也不够,因此这种方法对设计方案较规范的一般住宅民建工程的常用项目的人、材、机消耗及管理费测定较适用。例如,对于材料消耗量及其损耗率、人工幅度差和超运距等问题,可以采用下列方法确定材料消耗量:

$$材料定额消耗量 = 材料净用量 + 损耗量$$

在确定材料消耗量时需要注意的是,机械用动力资源如油、电、水、风等项目不包含在材料费用中。

3. 定额修正法

定额修正法是以已有的全国(地区)定额、行业定额为蓝本,按照工程预算的计算程序计算出造价,分析出成本,然后根据具体工程项目的施工图纸、现场条件和企业劳务、设备及材料储备状况,结合实际情况对定额水平进行调增或调减,从而确定工程实际成本。在大部分施工单位企业定额尚未建立的今天,采用这种定额换算的方法建立企业定额,不失为一条捷径。这种方法在假设条件下,把变化的条件罗列出来进行适当的增减,既比较简单易行,又相对准确,是补充企业一般工程项目人、材、机和管理费标准的较好方法之一,不过这种方法制定的定额水平要在实践中得到检验和完善。在实际编制企业定额的过程中,对一些企业实际施工水平与传统定额所反映的平均水平相近项目,也可采用该方法,结合企业现状对传统定额进行调增或调减。如对于配合比用料,可采用换算法。

4.理论计算法

理论计算法是根据施工图纸、施工规范及材料规格,用理论计算的方法求出定额中的理论消耗量,将理论消耗量加上合理的损耗,得出定额实际消耗的水平。实际的损耗量需要经过现场实际统计测算才能得出,所以理论计算法在编制定额时不能独立使用,只有与统计分析法(用来测算损耗率)相结合才能共同完成定额子目的编制。所以,理论计算法编制施工定额有一定的局限性。但这种方法也可以节约大量的人力、物力和时间。

以上四种方法各有优缺点,它们不是绝对独立的,实际工作过程中可以结合起来使用,互为补充、互为验证。企业应根据实际需要,确定适合自己的方法体系。

5.造价软件法

造价软件法是使用计算机编制和维护企业定额的方法。由于计算机具有运行速度快、计算准确、能对工程造价和资料进行动态管理的优点。因此不仅可以利用工程造价软件和有关的数字建筑网站,快速准确地计算工程量、工程造价,而且能够查出各地的人工、材料价格,还能够通过企业长期工程资料的积累形成企业定额。条件不成熟的企业可以考虑在保证数据安全的情况下与专业公司签订协议进行合作开发或委托开发。

以某专业工程造价软件为例,使用该专业软件公司的企业定额生成软件,可以很方便地制定企业定额。用户可以从多渠道生成和维护企业定额。该专业软件公司的企业定额生成方法有以下几种:

(1)以现有政府定额为基础,利用复制、拖动等功能快速生成为企业定额。在以后投标报价时,可以选择任何消耗量定额库或企业定额,作为投标报价的依据。

(2)按分包价测定定额水平,用水平系数对企业定额进行维护,并能做到分包判比,对分包价格按一定规则测定定额水平,并能分摊到人为确定的定额含量上。

(3)企业可以自行测算,以调整企业定额水平。这项工作在企业应用清单组价软件的过程中由计算机自动积累生成。

(4)企业定额生成器中可以把材料厂家的供应价、软件公司数字建筑网站的材料信息、材料管理软件中的企业制造成本的材料采购价、入库价等综合计算得到企业用于投标报价的综合材料价格库,并能自动对该价格库进行增、删、改、替等的维护。

(5)在使用专业软件公司清单组价软件的过程中,不但能多方案地组价,还可以不断积累每个清单项组价过程中的定额消耗量数据及组价数据,并能对每次的数据进行分析判比,形成按不同工艺的工艺包。根据判比结果,计算机可以对企业定额进行维护。当用户再次对该清单项目进行组价时,只需要调用企业定额内的工艺包,就可以把过去输入的组价数据及定额含量全部读入,该功能可以极大提高用户组价的工作效率,也是实行工程量清单计价规范后企业快速准确组价的主要手段。

专业软件公司的企业定额生成器采用量价分离的原则,这样便于企业维护,在维护定额含量时,不影响价格,在编制材料价格时不影响定额含量。企业定额作为企业的造价资源,为了资源的保密性做到了按权限管理,每个使用者按自己的权限进行工作。

三、企业定额的参考表式

企业实体消耗定额内容包括:总说明,册说明,每章节说明,工程量计算规则、分项工程工作内容,定额计量单位,定额代码,定额编号,定额名称,人工、材料、机械的编码、名称、消耗量及其市场价,定额标号等。表3-1至表3-3为某企业消耗定额表式。

工作内容：调运砂浆、铺砂浆、运砌块、砌砌块（包括墙体窗台虎头砖、腰线门窗套、安放木砖、铁件等）。

表 3-1 砌块墙（10m³）

	项　目	单位	单价	3-16 水泥焦渣空心砖墙	3-17 硅酸盐砌块墙	3-18 加气混凝土砌块墙
	定额编号					
	预算价格	元		1374.34	1400.37	1821.7
其中	人工费	元		384.57	213.65	205.28
	材料费	元		975.63	1180.12	1605.11
	机械费	元		14.14	6.6	11.31
人工	R5 砖瓦工	工日	25.65	12.95	7.23	6.81
	R1 普通工	工日	20.00	2.62	1.41	1.53
材料	C166 水泥焦渣空心砖 390×190×190	千块	1267.00	0.559		
	C1670 水泥焦渣空心砖 190×190×190	千块	617.00	0.114		
	C1671 水泥焦渣空心砖 190×190×190	千块	292.00	0.043		
	C1676 硅酸盐砌块 880×430×240	千块	11170.00		0.071	
	C1675 硅酸盐砌块 580×430×240	千块	7360.00		0.02	
	C1674 硅酸盐砌块 430×430×240	千块	5450.00		0.008	
	C1673 硅酸盐砌块 430×430×240	千块	3550.00		0.024	
	C2150 加气混凝土	m³	159.90			9.05
	C1661 红机砖 240×115×53	千块	109.02	0.4	0.4	0.45
	P231 混合砂浆 M5	m³	76.55	1.8	0.84	1.44
	C5734 工程用水	m³		1.12	1.14	1.32
机械	J303 砂浆搅拌机 200L	台班	47.13	0.3	0.14	0.24

工作内容:混凝土水平运输、搅拌、浇捣、养护等。

表3-2 现浇混凝土基础(10m³)

项	目	定额编号	单位	单价	带形基础		独立基础		杯形基础
					4-1	4-2	4-3	4-4	4-5
					毛石混凝土	混凝土	毛石混凝土	混凝土	
		预算价格	元		1233.18	1346.57	1205.44	1443.19	1342.95
其中		人工费	元		142.95	160.27	147.22	155.33	153.97
		材料费	元		991.58	1071.54	965.86	1073.1	1074.22
		机械费	元		98.65	114.76	92.36	114.76	114.76
人工	R9	混凝土工	工日	23.15	4.3	4.91	4.45	4.74	4.69
	R1	普通工	工日	20.00	2.17	2.33	2.21	2.28	2.27
材料	P412	C15-40碎石	m³	104.27	8.63	10.15	8.12	10.15	10.15
	C6294	草袋	m³	1.85	2.27	2.17	2.76	2.83	3.25
	C1725	片石(毛石)	m³	28.67	2.74		3.65		
	C5734	工程用水	m³	2.75	3.26	3.34	3.43	3.46	3.59
机械	J282	混凝土搅拌机400L	台班	93.11	0.27	0.31	0.25	0.31	0.31
	J499	混凝土振捣器(插入式)	台班	11.44	0.53	0.63	0.5	0.63	0.63
	J243	机动翻斗车	台班	102.2	0.66	0.77	0.62	0.77	0.77

工作内容：钢筋配制、绑扎、安装。

表3-3　现浇构件钢筋工程（t）

定额编号			6-5	6-6	6-7	6-8
			现浇混凝土构件 圆钢筋，mm			
项目	单位	单价	φ14	φ16	φ18	φ20
预算价格	元		2554.23	2594.49	2482.12	2456.16
其中　人工费	元		191.05	190.50	176.05	159.75
材料费	元		2309.04	2321.31	2234.34	2235.56
机械费	元		54.14	82.68	71.73	60.85
人工　R17 钢筋工	工日	27.5	5.1	2.54	4.7	4.26
R1 普通工	工日	20	2.54	5.08	2.34	2.13
材料　C4 圆钢14	kg	2.18	1050.00			
C5 圆钢16	kg	2.18		1050		
C6 圆钢18	kg	2.18			1010	
C7 圆钢20	kg	2.18				1010
C323 镀锌钢丝0.7mm（22号）	kg	3.74	3.39	2.6	2.05	1.67
C3295 电焊条422	kg	3.68	2	5.98	6.63	7.37
C5734 工程用水	m³	2.75	0.21	0.21	0.17	0.14
机械　J320 钢筋调直机φ14	台班	38.88		0.17		
J321 钢筋切断机φ40	台班	39.52	0.11	0.11	0.11	0.11
J322 钢筋弯曲机φ40	台班	23.99	0.42	0.42	0.35	0.35
J425 直流电焊机功率30kW	台班	105.15	0.3	0.41	0.42	0.34
J430 对焊机容量75kV·A	台班	123.51		0.15	0.12	0.1

企业工期定额内容包括:总说明、建筑面积计算规范、每章节说明、工期计算规则、结构类型、计量单位、定额编号、项目名称、施工天数等。表3-4和表3-5为某企业工期定额表式。

表3-4　±0.000m以上住宅工程

编号	结构类型	层数	建筑面积,m²	施工天数,d	
				总工期	其中:结构
1-29			500 以内	30	15
1-30		1	1000 以内	40	20
1-31			1000 以外	50	25
1-32			500 以内	45	20
1-33		2	1000 以内	55	25
1-34			2000 以内	65	25
1-35			2000 以外	80	40
1-36			1000 以内	70	30
1-37		3	2000 以内	75	35
1-38			3000 以内	85	40
1-39			3000 以外	100	50
1-40			2000 以内	90	40
1-41	砖混结构	4	3000 以内	95	45
1-42			5000 以内	105	55
1-43			5000 以外	120	65
1-44			3000 以内	115	50
1-45		5	5000 以内	135	60
1-46			5000 以外	150	65
1-47			3000 以内	150	50
1-48		6	5000 以内	165	60
1-49			7000 以内	180	70
1-50			7000 以外	200	80
1-51			3000 以内	165	60
1-52		7	5000 以内	180	65
1-53			7000 以内	200	75
1-54			7000 以外	210	85

表 3 - 5　±0.000m 以上综合楼工程

编号	结构类型	层数	建筑面积,m²	施工天数,d	
				总工期	其中:结构
1 - 358			15000 以内	330	120
1 - 359			20000 以内	340	135
1 - 360		18 层以下	25000 以内	350	150
1 - 361			30000 以内	370	170
1 - 362			30000 以外	390	190
1 - 363			15000 以内	360	125
1 - 364			20000 以内	370	140
1 - 365		20 层以下	25000 以内	390	155
1 - 366			30000 以内	410	175
1 - 367			30000 以外	430	200
1 - 368			15000 以内	390	135
1 - 369	框架结构		20000 以内	400	150
1 - 370		22 层以下	25000 以内	415	170
1 - 371			30000 以内	430	190
1 - 372			30000 以外	460	210
1 - 373			20000 以内	420	160
1 - 374		24 层以下	25000 以内	440	180
1 - 375			30000 以内	470	210
1 - 376			30000 以外	500	240
1 - 377			20000 以内	440	170
1 - 378		26 层以下	25000 以内	460	190
1 - 379			30000 以内	490	220
1 - 380			30000 以外	520	250

第三节　企业定额的编制实例

某企业定额 $\phi 8$ 钢筋制作安装工程项目编制实例

一、编制依据

(1)参考 1995 年《全国建筑安装工程统一劳动定额》及《全国建筑安装工程统一劳动定额编制说明》。

(2)参照 1995 年《全国统一建筑工程基础定额》有关资料。

(3)企业内部实测数据。

二、施工方法

(1)施工现场统一配料,集中加工,配套生产,流水作业。

(2)机械制作:指在一个工地有调直机或卷扫机、切断机、弯曲机全部机械设备。

①平直:采用调直机调直或卷扬机拉直(冷拉)。

②切断:采用切断机。

③弯曲:采用弯曲机。钢筋弯曲程度以弯曲钢筋占构建钢筋总量的60%为准。

(3)绑扎采用一般工具,手工操作。

(4)原材料及半成品的水平运输,用人力或双轮车搬运。机械垂直运输不分塔吊、机吊,半成品用人力和机械配合运输。

三、工作内容

1.钢筋制作

(1)平直:包括取料、解捆、开拆、平直(调直、拉直)及钢筋必要的切断、分类堆放到指定地点及30m以内的原材料搬运等(不包括过磅)。

(2)切断:包括配料、划线、标号、堆放及操作地点的材料取放和清理钢筋头等。

(3)弯曲:包括放样、划线、弯曲、捆扎、标号、垫棱、堆放、覆盖以及操作地点30m以内材料和半成品的取放。

2.钢筋制绑

(1)清理模板内杂物、木屑、烧断铁丝。

(2)按设计要求绑扎成型并放入模内。捣制构件除混凝土另有规定外,均负责安放垫块等。

(3)捣制构件包括搭拆施工高度在3.6m以内的简单架子。

(4)地面60m的水平运输和取放半成品,捣制构件并包括人力一层和机械六层(或高20m)以内的垂直运输,以及建筑物底层或楼层的全部水平运输。

四、工料机消耗量计算和有关说明

1.人工消耗量计算和说明

(1)除锈:按钢筋总重量的25%计算。除锈用工计算以劳动定额为基础综合计算,见表3-6。

表3-6 φ8钢筋除锈用工消耗量计算表　　　　　　　　　　　　　　　　单位:t

施工工序名称	数量	劳动定额		工日数(工日)
		工种	时间定额	
φ8钢筋除锈	0.25	钢筋工	2.94	0.735

注:时间定额详见《全国建筑安装工程统一劳动定额编制说明》附录二。

(2)平直:按机械平直100%计算,用工详见《全国建筑安装工程统一劳动定额编制说明》附录一,时间定额取定1.19工日/t。

(3)钢筋切断用工计算以劳动定额为基础,按企业内部调查资料确定的综合权数综合计算见表3-7。

表 3 – 7　现浇构件钢筋切断用工消耗量计算表　　　　　　　　　　　　单位:t

钢筋直径	劳动定额	切断长度在(以内),m						综合取定
		1	2	3	4.5	6	9	
φ8	时间定额	0.704	0.528	0.433	0.376	0.380	0.316	0.526
	内部综合权数	20	50	15	10	3	2	

(4)现浇构件钢筋弯曲用工以劳动定额为基础,按企业内部调查资料确定的综合权数综合计算,见表 3 – 8。

表 3 – 8　　现浇构件钢筋弯曲用工消耗量计算表　　　　　　　　　　单位:t

钢筋直径	项　目 弯头在(2,6,8)个以内		长度(以内),m					综合(一)	综合权数	综合
			1	2	3	4.5	6			
φ8	机械弯曲	2 时间定额	1.534	0.874	0.703	0.664	0.641	0.821	50	1.27
		内部综合权数	10	30	25	25	10			
		6 时间定额	2.988	1.81	1.62	1.408	1.405	1.671	40	
		内部综合权数	5	30	30	25	10			
		8 时间定额	4.228	2.532	2.11	1.762	1.688	1.946	10	
		内部综合权数	10	35	35	20				

(5)φ8 钢筋不同部位绑扎用工以劳动定额为基础,按企业内部调查资料确定的综合权数综合计算,见表 3 – 9。

表 3 – 9　φ8 钢筋绑扎用工消耗量计算表　　　　　　　　　　　　单位:t

施工工序名称	单位	数量	内部权数 %	劳动定额			工日
				定额编号	工种	时间定额	
(1)	(2)	(3)	(4)	(5)	(6)	(7)	(8) = (3) × (4) × (7)
地面	t	1.0	5	9 – 2 – 37	钢筋	3.03	0.152
墙面	t	1.0	10	9 – 5 – 94	钢筋	6.25	0.625
电梯井、通风道等	t	1.0	5	9 – 5 – 102	钢筋	8.33	0.417
平板、屋面板(单向)	t	1.0	5	9 – 6 – 107	钢筋	4.35	0.218
平板、屋面板(双向)	t	1.0	8	9 – 6 – 110	钢筋	5.56	0.445
筒形薄板	t	1.0	2	9 – 6 – 114	钢筋	7.14	0.143
楼梯	t	1.0	35	9 – 7 – 120	钢筋	9.26	3.241
阳台、雨篷等	t	1.0	15	9 – 7 – 126	钢筋	12.30	1.845
拦板、扶手	t	1.0	3	9 – 7 – 129	钢筋	20.00	0.600
暖气沟等	t	1.0	2	9 – 7 – 131	钢筋	9.09	0.182
盥洗池、槽	t	1.0	3	9 – 7 – 140	钢筋	10.00	0.300
水箱	t	1.0	2	9 – 7 – 142	钢筋	6.25	0.125
化粪池	t	1.0	2	9 – 7 – 146	钢筋	7.46	0.149
墙压顶	t	1.0	3	9 – 7 – 149	钢筋	10.00	0.300
小计							8.742

(6)钢筋成品保护用工:经过实际测定,每吨钢筋取定 0.45 工日。

(7)定额项目人工消耗量计算,见表 3 - 10。

表 3 - 10　定额项目人工消耗量计算表

章名称　钢筋工程　节名称　现浇构件　项目名称　圆钢筋　子目名称　φ8　　　　　　单位:t

工作内容				钢筋除锈、制作、绑扎、安装			
操作方法质量要求							
施工操作工序名称及工作量				用工计算	工种	时间定额	工日数
名称		单位	数量				
	1	2	3	4	5	6	7 = 3 × 6
劳动力计算	除锈	t	0.25	详见表 3 - 6	钢筋	2.94	0.735
	平直	t	1.00	详见人工消耗计算和说明 2	钢筋	1.19	1.19
	切断	t	1.00	详见表 3 - 7	钢筋	0.525	0.525
	弯曲	t	1.00	详见表 3 - 8	钢筋	1.24	1.27
	绑扎	t	1.00	详见表 3 - 9	钢筋	9.268	8.742
	成品保护用工	t	1.00	详见人工消耗计算和说明 6	钢筋	0.45	0.45
	小计						12.912
人工幅度差10%		1.29		合计			14.2

年　　月　　日　　　　　　复核者　　　　　　　　　　　　　　　　　计算者

注:最终计算结果保留两位小数。

2. 材料消耗量计算和说明

(1)钢筋绑扎用量的计算:

①材料:22 号铁丝。

②依据企业内部多项工程测算综合取定铁丝用量 156.28kg。

③钢筋绑扎铁丝长度为 220mm/根,见表 3 - 11。

表 3 - 11　钢筋绑扎用 22 号铁丝计算表　　　　　　　　　　单位:t

钢筋规格	综合取定钢筋重量,t	22 号铁(kg)总用量	每 t 钢筋用 22 号铁丝,kg
φ8	17.75	156.28	8.8

(2)钢筋用量的计算:根据图纸计算出净用量的基础上,结合企业内部多项工程的实测数据,增加 1.5% 的损耗为企业定额材料消耗用量。

(3)定额项目材料消耗量计算,见表 3 - 12。

表 3 - 12　定额项目材料计算表　　　　　　　　　　单位:t

	计算依据或说明					
	名称	规格	单位	计算量	损耗率,%	使用量
主要材料	圆钢筋	φ8	t	1.0	1.5	1.05
	镀锌铁丝	22 号	kg			8.8

年　　月　　日　　　　　　复核者　　　　　　　　　　　　　　　　　计算者

3. 机械台班消耗量计算和说明

（1）有关数据：

$$\text{调直机、切断机、弯曲机机械台班使用量} = 1t \text{钢筋} \times \left(\frac{1}{\text{钢筋制作每工产量}} \times \text{小组成员人数} \right)$$

小组成员人数取定：平直，调直机 3 人；切断，切断机 3 人（切断长度 6m）；弯曲，弯曲机 2 人。

（2）钢筋平直机械台班使用量计算以劳动定额为基础，见表 3 - 13。

表 3 - 13　钢筋平直机械台班使用量计算　　　　　　　　单位：t

预算定额	劳动定额					
钢筋直径	定额编号	单位	每工产量	小组人数	台班产量	台班使用量计算（台班）
φ8	9 - 17 - 308（一）	t	0.84	3	2.52	1/2.52 = 0.40

（3）钢筋切断机械台班使用量以劳动定额为基础计算，见表 3 - 14。

表 3 - 14　钢筋切断机械台班使用量计算　　　　　　　　单位：t

预算定额	劳动定额					
钢筋直径	定额编号	单位	每工产量	小组人数	台班产量	台班使用量计算（台班）
φ8	9 - 17 - 308（二）	t	1.54	3	4.62	1/4.62 = 0.22

（4）钢筋弯曲机械台班使用量以劳动定额为基础计算，见表 3 - 15。

表 3 - 15　钢筋弯曲机械台班使用量计算　　　　　　　　单位：t

预算定额	劳动定额					
钢筋直径	定额编号	单位	每工产量	小组人数	台班产量	台班使用量计算（台班）
φ8	9 - 17 - 308（三）	t	1	2	2	1/2 × 60% = 0.30

注：φ8 机械弯曲比例按 60% 计算。

表 3 - 16　定额项目机械台班消耗量计算表计量　　　　　　　　单位：t

工程内容						
	施工操作			机械名称	台班用量计算	机械使用量（台班）
	工序	数量	单位			
	1	2	3	4	5	6
机械台班计算	钢筋调直	1.0	t	调直机	表 3 - 13	0.40
	钢筋切断	1.0	t	切断机	表 3 - 14	0.22
	钢筋弯曲	1.0	t	弯曲机	表 3 - 15	0.30
备注						

年　　月　　日　　　　　　　　复核者　　　　　　　　　　　　　计算者

综上所述，现浇构件 φ8 钢筋工程工料机消耗量定额见表 3 - 18。

表 3 – 18　钢筋工程工料机消耗量定额

工作内容:钢筋配制、绑扎、安装。　　　　　　　　　　　　　　　　　　　　　　　单位:t

定　额　编　号				6 – 2
项　　目		单位	单价	现浇混凝土构件
				圆钢筋,mm
				φ8
预算价格		元		
其中	人工费	元		
	材料费	元		
	机械费	元		
人工	钢筋工	工日		14.20
材料	圆钢 φ8	kg		1015
	镀锌铁丝(22 号)	kg		8.80
机械	钢筋调直机	台班		0.40
	钢筋切断机	台班		0.22
	钢筋弯曲机	台班		0.30

注:上述消耗量定额中的人工、材料、机械单价以当期市场价计入,合成当期企业定额单价。

思　考　题

1. 什么是企业定额? 它有哪些特点?

2. 企业定额有哪些作用?

3. 企业定额的编制原则有哪些?

4. 企业定额的编制依据有哪些?

5. 试述企业定额的编制步骤。

6. 试述企业定额的编制方法。

自测题(三)

一、单项选择题

1. 企业施工定额是以(　　)为测算对象。

A 工序　　　　　　　B 项目　　　　　　　C 总和工作过程　　　　　D 综合工作过程

2. 企业定额编制应以(　　)来确定消耗量。

A 社会平均先进水平　　　　　　　B 社会平均水平

C 企业自身生产消耗水平　　　　　D 社会必要劳动消耗

3. 下列定额编制应坚持先进性的是(　　)。

A 预算定额　　　　B 概算定额　　　　C 企业定额　　　　　D 估算指标

4. (　　)是实现项目成本管理目标的基础与依据。

A 标底　　　　　　　B 企业定额　　　　　C 工程合同　　　　　　　　D 工程量计算规则

5. 企业定额水平(　　　)国家、行业或地区定额,才能适应投标报价,增强市场竞争力的要求。

A 低于　　　　　　　　B 等于　　　　　　　C 高于　　　　　　　　D 无关于

二、多项选择题

1. 以下属于企业定额编制原则的是(　　　)。

A 以专家为主、企业全员参加的原则　　　　　　　B 独立自主的原则

C 按社会必要劳动的原则　　　　　　　　　　　　D 简明适应的原则

E 坚持统一性和差别性相结合的原则

2. 企业定额的编制方法有(　　　)。

A 现场观测测定法　　　　　B 理论计算法　　　　　C 实验室试验法

D 定额修正法　　　　　　　E 经验统计法

3. 企业定额应该具备以下特征(　　　)。

A 水平先进性　　　　　　　B 技术优势性　　　　　C 内容稳定性

D 管理优胜性　　　　　　　E 价格动态性

4. 企业定额的内容一般应有(　　　)。

A 工程实体消耗定额　　　　B 措施性消耗定额　　　C 企业间接费定额

D 企业工期定额　　　　　　E 施工取费定额

5. 投标报价的主要内容有(　　　)。

A 复核或计算工程量　　　　B 编制企业定额　　　　C 编制工程量清单

D 确定单价,计算合价　　　　E 确定投标价格

第四章　预 算 定 额

第一节　预算定额的作用和内容

一、预算定额的概念及其作用

1. 预算定额的概念

预算定额是建筑安装预算定额的简称。预算定额是主管部门颁发的,用于确定一定计量单位的分项工程或结构构件的人工、材料、施工机械台班和基价的数量标准,是建筑安装产品价格的基础。例如,16.08 工日/10m³ 一砖混水砖墙;5.3 千块/10m³ 一砖混水砖墙;0.38 台班灰浆搅拌机/10m³ 一砖混水砖墙等。它包括建筑工程预算定额和设备安装工程预算定额两大类。预算定额不但规定了在正常的施工条件下完成合格产品所需的物质消耗也规定了资金消耗的数量标准;同时该标准是数量、质量和艺术的统一体。

预算定额是工程建设中一项重要的技术经济文件,它的各项指标,反映了完成规定计量单位符合设计标准和验收规范的分项工程消耗的数量化劳动和物化劳动的数量限度。这种限度最终决定着单项工程与单位工程的成本和造价。

预算定额是一种计价性的定额,施工定额是一种生产性的定额。施工定额是企业内部使用的定额,而预算定额是具有企业定额的性质,它用来确定建筑安装产品的计划价格,并作为对外结算的依据。但从编制程序看,施工定额是预算定额的编制基础,而预算定额则是概算定额或概算指标的编制基础。预算定额与施工定额的定额水平不同。预算定额考虑的可变因素和内容范围比施工定额多而广,预算定额是社会平均水平,即现实的在平均中等生产条件、平均劳动熟练程度、平均劳动强度下的多数企业能够达到或超过、少数企业经过努力也能够达到的水平。施工定额是平均先进水平,所以确定预算定额时,水平相对要降低一些。由于预算定额实际考虑的因素比施工定额多,故要考虑一个幅度差,幅度差是预算定额与施工定额的重要区别。所谓幅度差,是指在正常施工条件下,定额未包括而在施工过程中又可能发生而增加的附加额。

2. 预算定额的作用

(1)预算定额是编制施工图预算、确定建筑安装工程造价的基础和依据。

编制施工图预算的依据:一是设计图纸和文字说明,这些是计算分部分项工程量和结构构件数量的依据;二是预算定额,它是确定一定计量单位的分项工程人工、材料、机械消耗量的依据,也是计算分项工程单价的基础。依据预算定额编制施工图预算,能够确定和控制建筑安装工程造价。

(2)预算定额是对设计方案进行技术经济分析和比较的依据。

根据预算定额对方案进行技术经济分析和比较,是选择经济合理设计方案的重要方法。对设计方案进行比较,主要是通过定额对不同方案所需人工、材料和机械台班消耗量等进行比较。这种比较可以判明不同方案对工程造价的影响。

（3）预算定额是施工企业进行经济活动分析的依据。

预算定额规定的人工、材料、机械的消耗指标是施工单位在生产经营中可以消耗的最高标准。实行经济核算的根本目的，是用经济的方法促使企业在保证质量和工期的条件下，用较少的劳动消耗取得较大的经济效果。在目前预算定额仍决定着企业的收入，企业就必须以预算定额作为评价企业工作的重要标准，作为努力实现的具体目标。故可根据预算定额，对施工中的劳动、材料、机械的消耗情况进行具体的分析，以便找出低工效、高消耗的薄弱环节及其原因，促进企业降低工程成本，提高劳动生产率，才能取得较好的经济效益。

（4）预算定额是工程结算的依据。

符合预算定额规定工程内容的已完分项工程，是按施工进度预付工程价款的。单位工程竣工验收后，再根据预算定额并在施工图预算的基础上进行结算，以保证国家基本建设投资的合理使用和施工单位的经济收入。

（5）预算定额是编制概算定额，概算指标的基础。

概算定额和概算指标是以预算定额为基础，进行综合扩大编制而成的。利用预算定额编制概算定额和概算指标，可以节省编制的人力、物力与时间，也可以使概算定额和概算指标在水平上与预算定额一致，以避免造成执行中的不一致。在当今市场经济体制下，预算定额作为编制标底的依据和施工企业报价的基础性作用仍将存在，这是由它本身的科学性和权威性决定的。

（6）预算定额是编制标底的基础。

在施工企业无企业定额时，报价可以参照预算定额编制。预算定额为编制工程标底和确定工程造价发挥着不可替代的指导性作用。

（7）预算定额是编制施工组织设计的依据。

施工组织设计的重要任务之一是确定施工中的人工、材料、机械的供求量，并做出最佳安排。在施工企业无企业定额时，根据预算定额也能较准确地计算出施工中人工、材料、机械的需求量，为其调配和加工提供了可靠的计算依据。

由此可见，加强预算定额的管理和应用，对于控制和节约建设资金，降低建筑工程的劳动消耗，加强施工企业的计划管理，都有着重大的现实意义。

3. 预算定额的分类

预算定额按不同专业性质、管理权限和执行范围及构成生产要素的不同进行分类，其具体分类如图 4 - 1 所示。

二、预算定额的内容及实例

1. 预算定额的内容

预算定额一般以单位工程为对象编制，按分部工程分章，章以下为节，节以下为定额子目，每一个子目与分项工程对应，所以分项工程构成预算定额的最小单元。

预算定额的内容包括总目录、建设行政主管部门发布的文件，文字说明、定额项目表和附录。下面以 2003 年《河北省建筑工程统一综合基价》和《河北省建筑装饰工程统一综合基价》为例介绍建筑工程预算定额的具体内容。

1）总目录

总目录主要是定额各分章、节的目录，方便查找定额项目所在的页码。

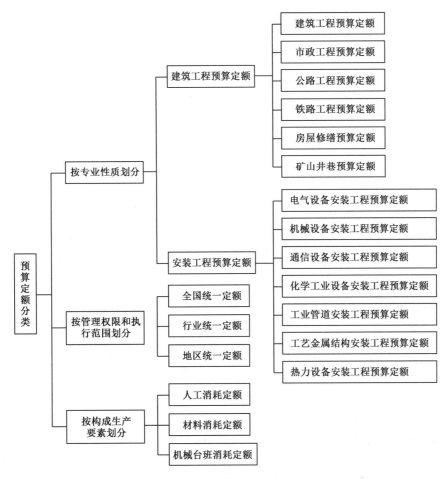

图 4-1　预算定额的分类

2）建设行政主管部门发布的文件

建设行政主管部门发布的文件明确规定了预算定额的执行时间、使用范围,并说明了预算定额的解释权和管理权。该文件是预算定额具有法令性和指导性的依据。

3）文字说明部分

预算定额中的文字说明包括总说明、建筑面积计算规则、分部工程说明和分项工程说明。

（1）总说明。

定额的总说明,主要阐述了编制定额的依据和原则;定额的适用范围和作用;预算定额的一些共性问题;预算定额考虑的因素、未考虑的因素及未包括的内容;以及有关问题的说明及使用方法。

（2）建筑面积计算规则。

建筑面积计算规则,严格地规定了计算建筑面积的统一标准和方法。由此,可以根据同一类型结构性质的工程,通过计算单位建筑面积造价指标,进行技术经济效果的分析和比较。

（3）分部工程及其说明。

分部工程在定额中也称"章",是将单位工程中结构性质相近,材料大致相同的施工对象结合在一起。例如,2003 年《河北省建筑工程统一综合基价》分为十四个分部工程,即土石方工程、桩基工程、砖石工程、脚手架工程、混凝土及钢筋混凝土工程、金属结构工程、木结构工程、楼地面工程、屋面工程、耐酸防腐保温隔热工程、抹灰工程、构筑物工程、零星工程、其他工程。

分部工程说明,是预算(计价)定额的重要组成部分,详细地介绍了分部工程定额包括的主要内容和使用定额的基本规定。说明分部工程中各分项工程的工程量计算规则和方法;分部工程定额内综合的内容及允许换算的有关规定;本分部工程中各调整系数使用的有关规定。

(4)分项工程说明。

分项工程在预算定额中称为"节"。分节说明一般列在定额项目表的表头,主要说明本节工程工作内容及施工工艺标准;说明本节工程项目包括的主要工序及操作方法。

4)定额项目表

定额项目表是预算定额中核心的组成部分。定额项目表以各项消耗指标为核心内容,定额项目表中的各项消耗指标是编制预算的限额标准,不能随意突破。定额项目表主要内容包括分部分项工程的定额编号;项目名称;各定额子目的"基价",包括人工费、材料费、机械费;各定额子目的人工、材料、机械的名称、单位、单价、数量标准;定额项目表下面可能有些说明,这些说明称为附注。

5)附录(附表)

附录(附表)编在预算定额的最后,包括名词解释、图示及有关参考资料。主要用途一是在编制预算时,若混凝土、砂浆等材料配合比发生变更,可供换算用;二是施工企业编制作业计划和各材料计划时可作为参考。

附录(附表)部分的主要表格有混凝土配合比表、砂浆配合比表、材料损耗率表、主要材料规格表等。

2. 预算定额实例

2003 年《河北省建筑工程统一综合基价》中的人工挖地槽、地坑项目的定额项目表见表 4-1。

表 4-1 人工挖地槽

工作内容:挖土、抛土于坑边 1m 外,修理槽、坑壁与底,拍底、钎探 单位:100m³

项目编号				1-8	1-9	1-10	1-11
项目名称				人工挖地槽			
				普硬土			
				深度(以内),m			
				2	3	4	6
综合基价,元				959.49	1072.42	1187.21	1414.11
其中	基价,元			834.34	932.54	1032.36	1229.66
	其中	人工费,元		830.16	929.52	1030.5	1228.5
		材料费,元		—	—	—	—
		机械费,元		4.18	3.02	1.86	1.16
	综合费用,元			125.15	139.88	154.85	184.45
名称		单位	单价,元	数量			
人工	综合用工三类	工日	18.00	46.12	51.64	57.25	68.25
机械	夯实机 夯基能力 20~60	台班	23.21	0.18	0.13	0.08	0.05
综合费用	费用	元		—	91.78	102.58	113.56	135.26
	利润	元		—	33.37	37.3	41.29	49.19

注:费用包括现场管理费、企业管理费、财务费用及社会劳动保险费,不包括规费和税金。

附录中的混凝土配合比表见表4-2,混凝土配合比表分为:现浇混凝土配合比表、预制混凝土配合比表、泵送混凝土配合比表,每一种又分为中砂碎石、中砂砾石、细砂碎石。

表4-2 混凝土配合比表:中砂碎石(现浇部分)

项目名称			粗骨料最大粒径20mm			粗骨料最大粒径40mm		
			混凝土强度等级					
			C15	C20	C25	C15	C20	C25
预算价值,元			121.48	137.02	140.88	117.57	132.01	135.5
名称	单位	单价,元	数 量					
水泥32.5	t	240.0	0.282	0.352	—	0.26	0.325	—
水泥42.5	t	275.0	—	—	0.318	—	—	0.293
中砂	t	19.53	0.782	0.694	0.707	0.755	0.669	0.68
碎石	t	30.36	1.25	1.265	1.286	1.314	1.331	1.354
水	m³	2.98	0.195	0.195	0.195	0.18	0.18	0.18

附录中的砂浆配合比表见表4-3,主要分为砌筑砂浆配合比表和装饰砂浆配合比表,每一种砂浆根据砂子粗细程度的分为粗砂砂浆、中砂砂浆、细砂砂浆。

表4-3 装饰砂浆配合比表

项目名称	单位	单价元	水 泥 砂 浆					
			1:2		1:2.5		1:3	
			中砂	细砂	中砂	细砂	中砂	细砂
基价	元		162.25	160.13	149.35	147.01	129.91	127.57
水泥32.5	kg	0.24	551	551	485	485	404	404
白水泥	kg	0.40	—	—	—	—	—	—
中砂	kg	0.02	1456.0	—	1603.0	—	1603.0	—
细砂	kg	0.02	—	1350	—	1486.0	—	1486.0
水	m³	2.98	0.3	0.3	0.3	0.3	0.3	0.3

第二节 预算定额的编制

一、预算定额的编制原则

为保证预算定额的质量,充分发挥预算定额的作用,使预算定额在实际应用中简便、合理、有效,在预算定额编制工程中应遵循以下原则:

(1)按社会平均水平确定预算定额水平的原则。

预算定额是用来确定建筑产品的计划价格。任何产品的价格必须遵循价值规律的客观要求,即按生产过程中所消耗的社会必要劳动时间确定定额水平。预算定额的平均水平是在正常的施工条件,合理的施工组织和工艺条件,平均劳动熟练程度和劳动强度下,完成单位分项工程基本构造要素所需的劳动时间。预算定额的水平以施工定额水平为基础,预算定额中包含了更多的可变因素,需要保留合理的幅度差。预算定额是平均水平,施工定额是平均先进水平。所以两者相比预算定额水平要相对低一些,大约为10%。

(2)"简明适用,严谨准确"的原则。

定额项目的划分、计量单位的选择和工程量计算规则的确定等要做到简明扼要,使用方便,同时要结构严谨,层次清楚。简明适用是指预算定额结构应合理,项目划分应以结构构件和分项工程为基础,主要项目常用项目应齐全,对已成熟的新技术、新结构、新材料、新工艺应编进定额,对次要项目适当综合、扩大,细订粗编,计量单位选用应考虑简化工程量的计算工作,注意文字说明简单明了,以满足编制预算、结算、经济核算等多种用途的需要,利于定额的贯彻执行。

(3)必须贯彻"技术先进、经济合理"的原则。

将已成熟推广的新技术、新材料和先进经验等编进定额,从而促进施工企业采用先进的施工技术,提高施工机械水平,提高劳动生产率,节约开支,降低工程成本。

(4)统一性和差别性相结合的原则。

统一性是从培育全国统一的市场规范的计价行为出发的,国务院建设行政主管部门负责全国统一定额的制定,颁发有关工程造价管理的规章制度和办法。统一性就是国家主管部门归口,编制全国统一的预算定额和费用项目等法规,以便国家对基本建设投资和产品价格的管理有一个统一的计价依据。

差别性就是在统一性的基础上,在国家主管部门领导下,各地区、各部门在自己主管范围内根据本地区或本部门的特点,按照国家的有关技术经济政策与法规,制定本地区、本部门的地区性预算定额或地区统一基价表、补充性制度和管理办法,并对预算定额进行日常管理,以适应我国幅员辽阔,地区间、部门间发展不平衡和差异大的实际情况。

二、预算定额的编制依据

预算定额的编制依据包括现行的全国通用的设计规范、施工及验收规范、质量评定标准和安全操作规程,以及施工定额,国家过去颁发的预算定额和各地区现行预算定额的编制基础资料,具体有:

(1)有关科学试验,技术测定和经验、统计分析资料;

(2)新材料、新工艺、新技术和新结构资料;

(3)地区现行的人工工资标准、材料预算价格和机械台班使用费;

(4)现行的劳动定额、预算定额、施工定额和有关文件规定;

(5)现行的设计规范、施工及验收规范、质量评定标准及安全技术操作规程等建筑技术法规;

(6)通用的标准图集和具有代表性的典型工程设计施工图。

三、预算定额的编制步骤

预算定额的编制步骤如图4-2所示。

1. 制定预算定额的编制方案

预算定额的编制方案应包括:建立编制定额的机构;确定编制进度;确定编制定额的指导思想、编制原则;明确定额的作用;确定定额的适用范围和内容等。

2. 划分定额项目,确定工程的工作内容

预算定额项目的划分是以施工定额为基础,进一步考虑其综合性,应做到项目齐全、粗细适度、简明适用。在划分定额项目的同时,应确定各个工程项目的工作内容范围。

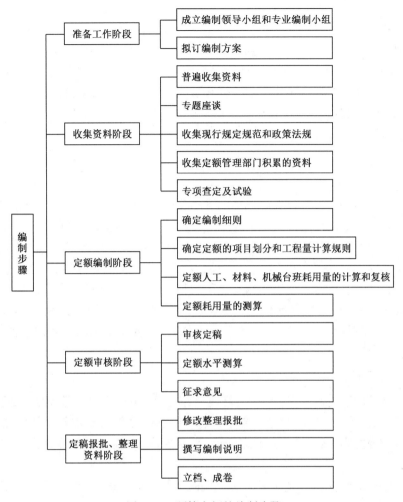

图 4 - 2　预算定额的编制步骤

3.确定各个定额项目的消耗指标

定额项目各项消耗指标的确定,应在选择计量单位、确定施工方法、计算工程量及含量测算的基础上进行。

(1)选择定额项目的计量单位。

计量单位一般应根据结构构件或分项工程形体特征的变化规律来确定。通常,一个物体的三个度量(长、宽、高)都会发生变化时,选用立方米为计量单位,如土方、砖石、混凝土等工程;当物体的三个度量(长、宽、高)只有两个度量经常发生变化时,选用平方米为计量单位,如地面、屋面、抹灰、门窗等工程;当物体的截面形状基本固定,长度变化不定时,选用延长米为计量单位,如线路、管道工程等;当分项工程无一定规格,而构造又比较复杂时,可按个、块、套、座、吨等为计量单位。

(2)确定施工方法。

不同的施工方法,会直接影响预算定额中的人工、材料、机械台班的消耗指标,在编制预算定额时.必须以本地区的施工技术组织条件、施工验收规范、安全技术操作规程以及已经成熟和推广的新工艺、新结构、新材料和先进的操作方法等为依据,合理确定施工方法,使其正确反映当前社会生产力水平。

（3）计算工程量及含量测算。

工程量计算应根据已选定的有代表性的图纸、资料和已确定的定额项目计量单位，按照工程量计算规则进行计算。计算中应特别注意预算定额项目的工程内容范围及其综合的劳动定额各个项目，在其已确定的计量单位中所占的比例，即含量测算。它需要经过若干份施工图纸的测算和部分现场调查后综合确定。如全国预算定额一砖厚内墙子目，其每 $10m^3$ 砖砌体中，综合了单、双面清水墙各占 20% ，混水墙占 60% ，通过含量测算，才能保证定额项目综合合理，使定额内工日、材料、机械台班消耗相对准确。

（4）确定人工、材料、机械台班消耗量指标。

4. 编制预算定额表

编制预算定额表是指将经计算确定出的各项目的消耗量指标填入已设计好的预算定额项目空白表中。在预算定额表格的人工消耗部分，应列出工种名称、用工数量及人工单价。用工数量很少的工种合并为"其他工"；在预算定额表格的机械台班消耗部分，应列出主要机械名称。主要机械消耗定额，以"台班"为计量单位；在预算定额表格的材料消耗部分，应列出不同规格的主要材料名称。计量单位以实物量表示，材料包括主要材料和次要材料的数量。次要材料合并列入"其他材料费"，其计量单位以金额"元"表示。在预算定额表格的基价部分，应分别列出人工费、材料费、机械费，同时还应合计出基价。最后在表格中列出定额编号，有的还要计算出综合基价这一项目。

5. 定额审定阶段

审定阶段就是测算定额水平和审查、修改所编定额，报送上级主管机关审批，颁发执行。审核定稿，审稿工作的人选应由具备经验丰富、责任心强、多年从事定额工作的专业技术人员来承担。审稿主要内容有：文字表达确切通顺、简明易懂；定额的数字准确无误；章节、项目之间有无矛盾。

（1）预算定额水平测算，在新定额编制成稿向上级机关报告以前，必须与原定额进行对比测算，分析水平升降原因。

（2）定稿报批、整理资料阶段，征求意见。定额编制初稿完成以后，需要征求各有关方面意见，通过反馈意见分析研究，在统一意见基础上整理分类，制定修改的方案。

（3）修改整理报批，将初稿进行修改后，整理成套要求完整、字体清楚，并经审核无误后形成报批稿，经批准后交付印刷。撰写编制说明并立档、成卷、使用。

四、预算定额的编制方法

1. 预算定额编制中的主要工作

预算定额的编制是一项复杂而烦琐的工作，既要有施工知识，也要有预算定额的编制知识；既要有现场数据资料，也要有综合总结资料。其主要工作就是准确而合理地确定出人工、材料、机械三个指标的消耗量和单价。

2. 人工工日消耗量的计算

预算定额中的人工消耗量的确定方法有两种，一般情况下，采用以施工定额的劳动定额为基础的确定方法。只有在遇到某些劳动定额缺项的项目时，则采用测时法、写实记录法或工作日写实法等技术测定方法确定定额的人工工日消耗量。预算定额中人工工日消耗量是指在正常施工生产的条件下，生产单位建筑安装产品必须消耗的某种技术等级的人工工日数量。它是由分项工程所综合的各个工序施工劳动定额所包括的基本用工、其他用工以及施工劳动定额同预算定额之间的人工幅度差三部分组成。

1）基本用工

基本用工，是指完成合格的分项工程所必须消耗的技术工种用工。按综合取定的工程量和时间定额进行计算。

$$基本用工 = \sum(综合取定的工程量 \times 时间定额) \qquad (4-1)$$

2）其他用工

（1）超运距用工。超运距是指劳动定额中已包括的材料、半成品场内搬运距离与预算定额规定的水平运输距离之差，根据测定的资料取定。

$$超运距 = 预算定额取定运距 - 劳动定额规定运距 \qquad (4-2)$$

$$超运距用工 = \sum(超运距材料数量 \times 时间定额) \qquad (4-3)$$

（2）辅助用工，是指材料加工等辅助用工数量。

$$辅助用工 = \sum(材料加工数量 \times 相应的加工劳动定额) \qquad (4-4)$$

3）人工幅度差

人工幅度差，是指在劳动定额时间之外而在预算定额中应考虑的正常施工条件下所发生的各种工时消耗，内容包括：

（1）各工种间的工序搭接及交叉作业和相互配合所发生的停歇用工；

（2）施工机械在单位工程之间转移及临时水电线路移动造成的停工；

（3）质量检查和隐蔽工程验收工作的影响；

（4）班组操作地点转移用工；

（5）工序交接时对前一工序不可避免的修整用工；

（6）施工中不可避免的其他零星用工。

人工幅度差一般占劳动定额的 10% ~ 15%，计算公式如下：

$$人工幅度差 = (基本用工 + 辅助用工 + 超运距用工) \times 人工幅度差系数 \qquad (4-5)$$

3. 机械消耗量的计算

预算定额中的机械台班消耗量是指在正常施工条件下，生产单位合格产品必须消耗的某类某种型号施工机械的台班数量。它由分项工程综合的有关工序施工定额确定的机械台班消耗量以及施工定额同预算定额的机械台班幅度差组成。

（1）综合工序机械台班定额之和，即为：

$$机械台班定额 = \sum(各工序实物工程量 \times 施工机械台班定额) \qquad (4-6)$$

（2）机械台班幅度差，是指在施工定额中未包括，在合理的施工组织条件下机械不可避免的时间消耗，其主要内容包括：

①施工中机械转移工作面及配套机械相互影响所损失的时间；

②在正常施工情况下，机械施工中不可避免的工序间歇；

③检查工程质量造成的机械停歇时间；

④因气候变化或机械本身故障影响工时利用的时间。

机械幅度差以系数表示，一般为 10% ~ 14%。

4. 材料消耗量的计算

1）预算定额材料消耗指标的组成

定额内的材料，按其使用性质、用途和用量大小划分为四类，即：

（1）主要材料，是指直接构成工程实体的材料。

（2）辅助材料，也是直接构成工程实体的材料，但用量比重较小。

（3）周转性材料，又称工具性材料，施工中多次使用，并不构成工程实体的材料，如模板、脚手架等。

（4）次要材料，指用量小，价值不大，不便计算的零星用材料，可用估算法计算以"其他材料费"用元表示。

2）材料消耗指标的确定方法

材料消耗指标的确定，同样应在划分工程项目，确定工程内容范围、计量单位和工程量计算基础上进行。首先计算（或测定）材料的净量，然后确定材料损耗率，计算出材料消耗量。并结合测定资料，采用加权平均的计算方法确定出材料消耗指标。通常采用的确定方法是：

（1）计算法，具备以下条件之一者均可采用计算法。

①凡有标准规格的材料，如砖、防水卷材、块料面层，均可按规范要求计算消耗量。

②凡设计图纸标注尺寸及下料要求的可按设计图纸尺寸计算材料净用量的，如钢筋混凝土构件中的钢筋用量等。计算法常用公式如下：

$$材料的消耗量 = 材料净用量 \times (1 + 材料损耗率) \tag{4-7}$$

（2）测定法，包括实验室测定法及现场观测法。通常多用于强度等级的混凝土及砂浆配合比的耗用原材料数量的计算，即按规范要求在实验室中进行试配合格后经必要调整后，得到水泥、砂子、石子、水的用量。对于某些新材料、新工艺常用现场测定方法来测定定额的消耗量。

在预算定额中，主要材料、辅助材料及周转性材料，均列出相应的名称和数量，但对于零星的难以计量的次要材料，定额中往往不列名称及消耗量，而以货币金额的形式，列入预算定额。

3）周转性材料定额摊销量的确定

周转性材料是随着使用次数，逐渐消耗，不断补充，多次使用，反复周转的工具性材料。在预算定额中分别用一次使用量和摊销量两个指标表示。一次使用量是指周转性材料在不重复使用的条件下的一次使用量，它供建设单位和施工企业申请备料及编制施工作业计划使用。摊销量是按照多次使用，分次摊销的方法计算，定额表中规定的数量是使用一次应摊销的实物量。一种周转性材料，当其一次使用量确定后，则其摊销量和其周转次数成反比，即周转次数越多，摊销量越小，周转次数越少，摊销量越大。

例如，预制钢筋混凝土构件模板摊销量计算公式为：

$$摊销量 = \frac{一次使用量}{周转次数} \tag{4-8}$$

第三节　人工单价、材料预算价格、机械台班单价的确定方法

一、人工单价的构成和确定方法

1. 人工单价的构成

人工费是指按工资总额构成规定，支付给从事建筑安装工程施工的生产工人和附属生产单位工人的各项费用，内容包括：

（1）计时工资或计件工资，指按计时工资标准和工作时间或对已做工作按计件单价支付给个人的劳动报酬。

（2）奖金，指对超额劳动和增收节支支付给个人的劳动报酬，如节约奖、劳动竞赛奖等。

（3）津贴补贴，指为了补偿职工特殊或额外的劳动消耗和因其他特殊原因支付给个人的津贴，以及为了保证职工工资水平不受物价影响支付给个人的物价补贴。如流动施工津贴、特殊地区施工津贴、高温（寒）作业临时津贴、高空津贴等。

（4）加班加点工资，指按规定支付的在法定节假日工作的加班工资和在法定日工作时间外延时工作的加点工资。

（5）特殊情况下支付的工资，指根据国家法律、法规和政策规定，因病、工伤、产假、计划生育假、婚丧假、事假、探亲假、定期休假、停工学习、执行国家或社会义务等原因按计时工资标准或计时工资标准的一定比例支付的工资。

2. 人工单价的确定方法

人工工日单价中的每一项内容都是根据有关规定、法规、政策文件的精神，结合本部门、本地区的特点，通过反复测算最终确定的。人工工日单价是指预算中使用的生产工人的工资单价，是用于编制施工图预算时计算人工费的标准，而不是企业发给生产工人的工资标准。实际工程中，技术高的工人一天的工资标准要高于定额的工资单价。人工工日单价也不区分工人工种和技术等级，是一种按合理劳动组合加权平均计算的综合工人单价，其计算公式和方法为：

$$日工资单价 = \frac{生产工人平均月工资(计时、计件) + 平均月(奖金 + 津贴补贴 + 特殊情况下支付的工资)}{年平均每月法定工作日}$$

$$(4-9)$$

注：全年日历日为365d；法定节假日11d；双休日为 $52 \times 2 = 104(d)$。

日工资单价是指施工企业平均技术熟练程度的生产工人在每工作日（国家法定工作时间内）按规定从事施工作业应得的日工资总额。

工程造价管理机构确定日工资单价应通过市场调查、根据工程项目的技术要求，参考实物工程量人工单价综合分析确定，最低日工资单价不得低于工程所在地人力资源和社会保障部门所发布的最低工资标准：普工1.3倍、一般技工2倍、高级技工3倍。

工程计价定额不可只列一个综合工日单价，应根据工程项目技术要求和工种差别适当划分多种日人工单价，确保各分部工程人工费的合理构成。

二、材料预算价格的构成和确定方法

1. 材料预算价格的概念及其构成

材料预算价格是指施工过程中耗费的原材料、辅助材料、构配件、零件、半成品或成品、工程设备的从来源地或交货地点到工地或现场仓库后的出库价格，如水泥32.5单价：240元/t。

材料预算价格一般由材料原价、运杂费、运输损耗费、采购保管费等组成。

（1）材料原价，指材料、工程设备的出厂价格或商家供应价格。

（2）运杂费，指材料、工程设备自来源地运至工地仓库或指定堆放地点所发生的全部费用。材料运输费占材料费的比例不同，一般建筑材料占10%~15%，砖占30%~50%，砂子、石子占70%~90%或更多。应尽量就地取材，减少运距，降低工程造价。

（3）运输损耗费，指材料在运输装卸过程中不可避免的损耗。

(4)采购保管费,指为组织采购、供应和保管材料、工程设备的过程中所需要的各项费用,包括采购费、仓储费、工地保管费、仓储损耗。其中,工程设备是指构成或计划构成永久工程一部分的机电设备、金属结构设备、仪器装置及其他类似的设备和装置。

2.材料预算价格的确定方法

1)材料预算价格

材料预算价格的计算公式为:

$$材料预算价格 = (平均原价 + 材料的运杂费 + 材料的运输损耗费$$
$$+ 材料采购及保管费) - 包装品回收值 \qquad (4-10)$$

或者

$$材料预算价格 = \{(材料原价 + 运杂费) \times [1 + 运输损耗率(\%)]\}$$
$$\times [1 + 采购保管费率(\%)] \qquad (4-11)$$

2)工程设备费

工程设备费的计算公式为:

$$工程设备费 = \sum(工程设备量 \times 工程设备单价) \qquad (4-12)$$
$$工程设备单价 = (设备原价 + 运杂费) \times [1 + 采购保管费率(\%)] \qquad (4-13)$$

3)材料原价

材料原价指材料的出厂价、进口材料的抵岸价。对同一种材料,因产地、供应渠道不同出现几种原价时,应计算其加权平均原价。

$$加权平均原价 = \sum K_I C_I \qquad (4-14)$$

式中　K_I——第 I 个供应地点的材料供应比重;

　　　C_I——第 I 个供应地点的材料原价。

4)运杂费

运杂费包括包装费、装卸费、运输费、调车及附加工作费。

(1)包装费,是指为了便于运输材料和保护材料进行包装所发生和需要的一切费用。材料运输到现场后要对其进行回收。

$$包装材料的回收值 = (包装品原值 \times 回收率 \times 回收价值率) \div 包装品标准容量$$
$$(4-15)$$

如果是材料原价中已经计入了包装费(如袋装水泥),就不再计算包装费。

(2)运输、装卸等费用。运输、装卸等费用的确定,应根据材料的来源地、运输里程、运输方法,并根据国家有关部门规定的运价标准分别计算。若同一品种的材料有几个来源地,其运输、装卸等费用可根据运输里程、运输方法、供应量的比例采用加权平均的方法来计算其平均值。

$$加权平均运输费 = \sum K_I T_I \qquad (4-16)$$

式中　K_I——第 I 个供应地点的材料供应比重;

　　　T_I——第 I 个供应地点的材料运输等费用。

5)材料的运输损耗费

$$材料的运输损耗费 = (原价 + 运杂费) \times 相应材料的损耗率 \qquad (4-17)$$

6)材料采购及保管费

一般材料采购及保管费按照材料到库价格乘以费率取定。

采购及保管费 = (原价 + 运杂费 + 运输损耗费) × 采购及保管费率　　　(4-18)

3.材料预算价格的确定实例

【例4-1】　某工程使用φ22 螺纹钢总共1000t,由甲、乙、丙三个购买地获得,相关信息见表4-4,已知采购保管费率为2.5%,卸车费为6 元/t,试计算材料预算价格。

表4-4　购买螺纹钢基本信息

序号	货源地	数量 t	购买价 元/t	运输单价 元/(t·km)	运输距离 km	装车费 元/t
1	甲地	500	3320	1.5	60	8
2	乙地	300	3330	1.5	45	8
3	丙地	200	3340	1.6	56	7.5

解:1.材料原价

(1)总金额法:

材料原价 = (500 × 3320 + 300 × 3330 + 200 × 3340) ÷ 1000 = 3327(元/t)

(2)权数比重法:

先求出各地材料的购买比重:

甲地比重:500 ÷ 1000 = 50%

乙地比重:300 ÷ 1000 = 30%

丙地比重:200 ÷ 1000 = 20%

材料原价:3320 × 50% + 3330 × 30% + 3340 × 20% = 3327.00(元/t)

2.材料运杂费

(1)运输费:

材料运输费:1.5 × 60 × 50% + 1.5 × 45 × 30% + 1.6 × 56 × 20% = 83.17(元/t)

(2)装卸费:

材料装卸费:8 × 50% + 8 × 30% + 7.5 × 20% + 6.00 = 13.90(元/t)

合计:运输费 + 装卸费 = 83.17 + 13.90 = 97.07(元/t)

3.运输损耗费

运输损耗费:(3327.00 + 97.07) × 0% = 0.00(元/t)

4.材料采购保管费

材料采购保管费:(3327.00 + 97.07 + 0.00) × 2.5% = 85.60(元/t)

5.材料预算价格

材料预算价格:材料原价 + 运杂费 + 运输损耗费 + 采购及保管费率

= 3327.00 + 97.07 + 0.00 + 85.60

= 3509.67(元/t)

三、机械台班单价的构成和确定方法

1.机械台班单价的构成

(1)施工机械台班单价是指一台施工机械在正常运转条件下一个工作班中所发生的全部

费用。其内容包括：

①折旧费,指施工机械在规定使用期限内,陆续收回其原始价值及购买资金的时间价值。

②大修理费,指施工机械按规定大修理间隔台班必须进行的大修,以恢复其正常使用功能所需的费用。

③经常修理费,指施工机械除大修理以外的各级保养和临时故障排除所需的费用。包括为保障机械正常运转所需替换设备与随机配备工具附具的摊销和维护费用,机械运转中日常保养所需润滑与擦拭的材料费用及机械停滞期间的维护和保养费用等。

④安拆费及场外运输费。安拆费指施工机械(大型机械除外)在现场进行安装与拆卸所需的人工、材料、机械和试运转费用以及机械辅助设施的折旧、搭设、拆除等费用;场外运输费指施工机械整体或分体自停放地点运至施工现场或由一施工地点运至另一施工地点的运输、装卸、辅助材料及架线等费用。

⑤机上人工费,指机上司机(司炉)及随机操作人员的基本工资和其他工资性补贴(年工作台班以外的机上人员基本工资和工资性补贴以增加系数的形式表示)。

⑥燃料动力费,指施工机械在运转或施工作业中所耗用的液体燃料(汽油、柴油)、固体燃料(煤、木材)、水、电等费用。

⑦税费,指施工机械按照国家规定应缴纳的车船使用税、保险费及年检费等。

(2)仪器仪表使用费:指工程施工所需使用的仪器仪表的摊销及维修费用。

2.机械台班单价的确定方法

$$机械台班单价 = 折旧费 + 大修理费 + 经常修理费 + 安拆费及场外输运费$$
$$+ 机上人工费 + 燃料动力费 + 税费 \qquad (4-19)$$

1)折旧费的计算

$$台班折旧费 = [机械预算价格 \times (1-残值率) \times 贷款利息系数] \div 耐用总台班$$
$$(4-20)$$

$$机械预算价格(国产) = 原价 \times (1+运杂费费率) \qquad (4-21)$$

残值率,是指机械报废时其收回残余价值占原值的比率,一般为3% ~5%;

耐用总台班,是指机械从开始投入使用至报废前所使用的总台班数。

$$耐用总台班 = 大修理间隔台班 \times 大修理周期 \qquad (4-22)$$

贷款利息系数,是指为补偿施工企业贷款购置机械设备所支付的利息,从而合理反映资金的时间价值,以大于1的贷款利息系数,将贷款利息(单利)分摊在台班折旧费中,其计算公式为:

$$贷款利息系数 = 1 + (折旧年限 + 1) \div 2 \times 当年贷款利率 \qquad (4-23)$$

2)大修理费的计算

$$台班大修理费 = [一次大修理费 \times (大修理周期 - 1)] \div 耐用总台班 \qquad (4-24)$$
$$大修理周期 = 寿命期大修次数 + 1 \qquad (4-25)$$

3)经常修理费的计算

$$经常修理费 = \sum [(各级保养一次费用 \times 寿命期各级保养次数) + 临时故障排除费] \div$$
$$耐用总台班 + 替换设备台班摊销费 + 工具附具摊销费 + 例保辅料费$$
$$(4-26)$$

4）安拆费及场外运输费的计算

$$台班安拆费 = ［机械一次安拆费 × 年平均安拆次数］$$
$$÷ 年工作台班 + 台班辅助设施摊销费 \qquad (4-27)$$

$$台班辅助设施摊销费 = ［（一次运输及装卸费用 + 辅助材料一次摊消费$$
$$+ 一次架线费）× 年运输次数］÷ 年工作台班 \qquad (4-28)$$

5）人工费的计算

$$台班人工费 = 机上操作人员人工工日数 × 人工工日单价 \qquad (4-29)$$
$$机上操作人员人工工日数 = 机上定员工日 ×（1 + 增加工日系数）\qquad (4-30)$$

式中，增加工日系数一般取定为 0.25。

6）燃料动力费的计算

$$台班燃料动力费 = 台班燃料动力消耗量 × 预算单价$$
$$台班燃料动力消耗量 = （实测值 × 4 + 定额平均值 + 调查平均值）÷ 6 \qquad (4-31)$$

7）税费的计算

$$税费 = （年检费 + 保险费 + 车船使用税标准）÷ 年工作台班 \qquad (4-32)$$

式中，养路费单位为元/（t·月），车船使用税单位为元/（t·年）。

第四节 预算定额基价的编制

一、定额基价的相关概念

1. 定额基价的概念

定额基价指完成规定计量单位的分项工程或结构构件所需支付的人工、材料和机械台班的费用总和，即

$$定额基价 = 定额人工费 + 定额机械费 + 定额材料费$$

人工、材料、机械台班消耗量是预算定额中的主要指标，以实物量来表示。为方便使用，各地编制的预算定额普遍反映了货币量指标，即定额基价，也就是工料单价。

预算定额中的基价是根据某一地区的人工单价、材料预算价格、机械台班预算价格来计算的，其公式如下：

$$定额人工费 = \sum（定额分项工日数量 × 工日单价）\qquad (4-33)$$
$$定额材料费 = \sum（定额分项材料消耗量 × 材料预算价格）\qquad (4-34)$$
$$定额机械费 = \sum（定额机械消耗量 × 机械台班单价）\qquad (4-35)$$

2. 定额基价的种类

（1）定额基价按用途划分，可以分为预算定额基价和概算定额基价。

（2）定额基价按适用范围划分，可以分为地区定额基价和个别基价。

（3）定额基价按综合程度划分，可以分为工料基价、综合基价和全费用基价。

①工料基价，只包括人工费、材料费和机械台班使用费。

②综合基价，即除人工费、材料费和机械台班使用费外，还综合了企业管理费、利润等费用。

③全费用基价，即在基价中既包含人工费、材料费和机械台班使用费、企业管理费、利润等

等费用,也包含规费和税金。

3.定额基价的作用

(1)定额基价是编制和审核施工图预算、确定工程造价的主要依据;

(2)定额基价是编制招投标工程标底的依据;

(3)定额基价是对设计方案进行技术经济分析比较的依据;

(4)定额基价是拨付工程进度款的依据;

(5)定额基价是施工企业进行经济核算的依据;

(6)定额基价是编制概算定额的依据。

二、定额基价的编制方法

1.编制依据

定额基价的编制依据主要有:

(1)定额分项工日数量、定额分项材料消耗量、定额机械消耗量,即预算定额。

(2)当时当地的人工单价、材料预算价格、机械台班价格。

2.编制方法

预算定额中的基价是根据某一地区的人工单价、材料预算价格和机械台班价格计算的,其工料基价的计算公式为

$$分项工程定额工料基价 = 分项工程人工费 + 材料费 + 机械台班使用费 \quad (4-36)$$

其中

$$人工费 = \sum (定额工日数量 \times 工日单价) \quad (4-37)$$

$$材料费 = \sum (定额材料消耗量 \times 材料预算价格) \quad (4-38)$$

$$机械台班使用费 = \sum (机械消耗量 \times 机械台班单价) \quad (4-39)$$

公式中实物消耗量指标是预算定额规定的,但人工单价、材料预算价格和机械台班价格则按某地区的价格确定。

三、定额基价的编制实例

定额基价的编制过程,可以通过表4-5来表达。

表4-5 预算定额项目基价计算表   单位:100m²

定额编号			11-25	计算式
项目	单位	单价	花岗岩楼地面	
基价	元	—	26774.12	基价=514.25+26098.27+161.6=26774.12
人工费	元		514.25	
材料费	元	—	26098.27	
机械费	元	—	161.6	
综合用工	工日	25.00	20.57	人工费:20.57×25=514.25
花岗岩板	m³	250.00	102.00	材料费:250×102=25500
1:2水泥砂浆	m³	230.02	2.20	2.2×230.02=506.04
白水泥	kg	0.50	10.00	10.00×0.50=5.00
素水泥浆	m³	461.7	0.10	0.10×461.70=46.17

定额编号			11 - 25	计算式
项目	单位	单价	花岗岩楼地面	
棉纱头	kg	5.00	1.00	1.00 × 5.00 = 5.00
锯木屑	m³	8.50	0.60	0.60 × 8.50 = 5.10
石料切割锯片	片	70.00	0.42	0.42 × 70.00 = 29.40
水	m³	0.60	2.60	2.60 × 0.60 = 1.56
砂浆搅拌机	台班	15.92	0.37	机械费:0.37 × 15.92 = 5.89
塔吊	台班	170.61	0.74	0.74 × 170.61 = 126.25
石料切割机	台班	18.41	1.60	1.60 × 18.41 = 29.46
材料费合计:25500 + 506.04 + 5.00 + 46.17 + 5.00 + 5.10 + 29.40 + 1.56 = 26098.27				
机械费合计: 5.89 + 126.25 + 29.46 = 161.60				

第五节　预算定额的使用方法

一、预算定额的直接套用

1. 预算定额举例

（1）人工挖地槽、地坑见表 4 - 6。

表 4 - 6　人工挖地槽、地坑

工作内容:挖土、抛土于坑边 1m 外,修理槽、坑壁与底,钎探。　　　　　　　　　单位:100m³

项 目 编 号				1 - 8	1 - 9	1 - 10	1 - 11
项 目 名 称				人工挖地槽			
				普硬土			
				深度(以内),m			
				2	3	4	6
综合基价,元				959.49	1072.42	1187.21	1414.11
其中	其中	基价,元		834.34	932.54	1032.36	1229.66
		其中	人工费,元	830.16	929.52	1030.5	1228.5
			材料费,元	—	—	—	—
			机械费,元	4.18	3.02	1.86	1.16
	综合费用,元			125.15	139.88	154.85	184.45
名称		单位	单价,元	数量			
人工	综合用工三类	工日	18.00	46.12	51.64	57.25	68.25
机械	夯实机 夯基能力20~60	台班	23.21	0.18	0.13	0.08	0.05
综合费用	费用	元	—	91.78	102.58	113.56	135.26
	利润	元	—	33.37	37.3	41.29	49.19

注意:费用包括现场管理费、企业管理费、财务费用及社会劳动保险费,不包括规费和税金。

（2）推土机推土、铲运机运土方见表4-7。

表4-7 推土机推土、铲运机运土方

工作内容：推土、弃土、平整、修理边坡、工作面内排水。　　　　　　　　　　　单位：100m³

项目编号				1-94	1-95	1-96
项目名称				推土机推土		
				运距20m以内		运距每增加10m
				普硬土	坚硬土	
综合基价,元				1800.87	2220.04	638.14
其中	基价,元			1565.97	1930.47	554.9
	其中	人工费,元		108	108	—
		材料费,元		—	—	—
		机械费,元		1457.97	1822.47	554.9
	综合费用,元			234.9	289.57	83.24
名称		单位	单价,元	数量		
人工	综合用工三类	工日	18.00	6.00	6.00	—
机械	推土机(综合)	台班	544.02	2.68	3.35	1.02
综合费用	费用	元	—	172.26	212.35	61.04
	利润	元	—	62.64	77.22	22.2

（3）垫层见表4-8。

表4-8 垫层

工作内容：拌和、铺设、夯实、混凝土搅拌、捣固、养护等操作过程。　　　　　　　　单位：10m³

项目编号			7-19	7-20	7-21	7-22	7-23	7-24
项目名称			炉(矿)渣				混凝土	陶粒混凝土
			干铺	水泥石灰拌和	石灰拌和	水泥拌和		
综合基价,元			355.93	1033.67	629.79	1201.59	1609.48	2008.19
其中	基价,元		332.79	960.33	564.37	1120.17	1485.10	1914.62
	其中	人工费,元	52.74	166.68	148.68	168.48	236.16	166.14
		材料费,元	279.99	793.65	415.69	935.13	1202.41	1701.93
		机械费,元	—	—	—	16.56	46.53	46.53
	综合费用,元		23.2	72.34	65.42	81.42	124.38	93.57

	名称	单位	单价	数量					
人工	综合用工三类	工日	18.0	2.93	9.26	8.26	9.36	13.12	9.23
材料	现浇混凝土(中砂碎石)C15—40	m³	—	—	—	—	—	(10.1)	—
	水泥石灰炉渣1:1:8	m³	—	—	(10.2)	—	—	—	—
	石灰炉渣1:3	m³	—	—	—	(10.2)	—	—	—
	水泥炉渣1:6	m³	—	—	—	—	(10.2)	—	—
	陶粒混凝土C15	m³	—	—	—	—	—	—	(10.2)
	水泥32.5	t	240	—	1.805	—	2.57	2.626	3.142
	中砂	t	19.53	—	—	—	—	7.626	7.069
	碎石	t	30.36	—	—	—	—	13.271	—
	炉渣	m³	22.95	12.2	12.036	11.322	12.954	—	—
	生石灰	t	75	—	0.755	1.877	—	—	—
	陶粒	m³	90	—	—	—	—	—	8.731
	水	m³	2.98	—	9.26	5.06	7.06	6.82	8.06
机械	灰浆搅拌机200L	台班	42.46	—	—	—	0.39	—	—
	滚筒式混凝土搅拌机500L	台班	97.1	—	—	—	—	0.39	0.38
	混凝土振捣器(平板式)	台班	11.7	—	—	—	—	0.74	0.74
综合	费用	元	—	15.29	48.34	43.12	53.66	81.98	61.67
	利润	元	—	7.91	25.00	22.3	27.76	42.4	31.9

二、定额的直接应用

使用定额之前,首先要认真学习定额的有关说明、规定,熟悉预算定额。当分项工程的设计要求与预算定额条件完全相符时,可以直接套用定额。这是编制施工图预算的大多数情况。

【例4-2】 某工程装饰大理石楼地面,大理石规格为500mm×500mm单色,工程量为200m²,根据表4-9中的数据,计算该分项工程的分项工程费、人工费、材料费、机械费各是多少?计算大理石、水泥等材料的消耗量分别为多少?

表4-9 天然石材

工作内容:清理基层、试排弹线、锯板修边、铺贴饰面、清理净面。 单位:m²

项目编号			1-001	1-002	1-003	1-004
项目名称			大理石楼地面(干铺)			
			周长3200mm以内		周长3200mm以外	
			单色	多色	单色	多色
综合基价,元			269.66	270.35	270.28	270.85
其中	基价,元		263.12	263.52	263.48	263.81
	其中	人工费,元	8.96	9.36	9.32	9.65
		材料费,元	253.76	253.56	253.76	253.76
		机械费,元	0.40	0.40	0.40	0.40
	综合费用,元		6.54	6.83	6.80	7.04

	名称	单位	单价,元		数量		
人工	综合用工一类	工日	36.00	0.249	0.26	0.259	0.268
材料	水泥砂浆 1:4	m³	—	(0.0303)	(0.0303)	(0.0303)	(0.0303)
	素水泥浆	m³	—	(0.0010)	(0.0010)	(0.0010)	(0.0010)
	水泥 32.5	kg	0.240	10.6829	10.6829	10.6829	10.6829
	白水泥	kg	0.400	0.1030	0.1030	0.1030	0.1030
	中砂	kg	0.1953	48.5709	48.5709	48.5709	48.5709
	大理石板 500×500	m²	245	1.02	1.02	—	—
	大理石板 1000×1000	m²	245	—	—	1.02	1.02
	石料切割锯片	片	20.00	0.0035	0.0035	0.0035	0.0035
	水	m³	2.98	0.0357	0.0357	0.0357	0.0357
	棉纱头	kg	4.70	0.0100	0.0100	0.0100	0.0100
	锯木屑	m³	9.46	0.006	0.006	0.006	0.006
机械	灰浆搅拌机 200	台班	42.46	0.0039	0.0039	0.0039	0.0039
	石料切割机	台班	13.93	0.0168	0.0168	0.0168	0.0168
综合费用	费用	元	—	4.75	4.96	4.94	5.11
	利润	元	—	1.79	1.87	1.86	1.93

解:分项工程费 = 工程量×基价 = 200×263.12 = 52624(元)

其中　人工费 = 工程量×定额人工费 = 200×8.96 = 1792(元)

材料费 = 工程量×定额材料费 = 200×253.76 = 50752(元)

机械费 = 工程量×定额机械费 = 200×0.40 = 80(元)

大理石用量 = 工程量×定额消耗量 = 200×1.02 = 204(m³)

水泥 = 工程量×定额消耗量 = 200×10.6829 = 2136.58(kg)

二、预算定额的换算

定额的换算分几种类型,定额换算的基本思路是根据选定的预算定额项目的基价,按规定换入增加的费用,减少扣除的费用。

当施工图设计的工程项目内容,与选套的相应定额项目规定的内容、材料规格、施工方法等条件不一致时,如果定额规定允许换算和调整,则在定额规定的范围内换算和调整,套用换算后的定额项目。对换算后的定额项目编号应加括号,并在括号右下角注明"换"字,以示区别,如(2 - 52)$_{换}$。

1. 基价系数换算法

工程量的换算是依据建筑(装饰)工程预算定额的规定,将施工图设计的工程项目所对应的项目基价乘以定额规定的调整系数。

调整后的基价 = 原定额项目基价×定额规定的调整系数　　　　　　(4 - 40)

【例 4 - 3】　某木材面油漆项目,窗帘盒工程量为20m,若设计要求刷调和漆一遍,瓷漆两遍,根据表 4 - 10 中的数据,计算该工程的费用为多少元。如果再增加一遍醇酸磁漆,则预算价值为多少?

表 4 - 10　木材面刷油漆

项目编号			5 - 010	5 - 011	5 - 027	5 - 031
项目名称			调和漆一遍,瓷漆二遍		每增加一遍醇酸磁漆	每增加一遍醇酸清漆
			木窗	木扶手	木扶手	木扶手
			m²	m	m	m
综合基价,元			39.33	8.92	1.61	0.79
其中	基价,元		27.5	5.71	1.09	0.56
	其中	人工费,元	16.2	4.39	0.72	0.32
		材料费,元	11.3	1.32	0.37	0.24
		机械费,元	—	—	—	—
	综合费用,元		11.83	3.21	0.52	0.23

解:按预算定额油漆工程量计算规则的规定窗帘盒木材面油漆工程量使用木扶手项目乘以规定的系数 2.0,套用木扶手项目。

(5 - 011)$_{换}$:换算后基价为 8.92 × 2 = 17.84(元/m)。

分项工程费 = 工程量 × 基价 = 20 × 17.84 = 356.8(元)

(5 - 027)$_{换}$:换算后基价为 1.61 × 2 = 3.22(元/m)。

分项工程费 = 工程量 × 基价 = 20 × 3.22 = 64.4(元)

总预算价值 = 356.8 + 64.4 = 421.2(元)

2. 系数增减换算法

施工图设计的工程项目内容与定额规定的相应内容有的不完全相符,定额规定在其许范围内,采用增减系数法,调整定额基价或其中的人工费、机械使用费等。

【例 4 - 4】　某圆弧形墙面镶贴面砖(水泥砂浆粘贴,块料周长在 1200mm 以内),其工程量为 159.27m²,根据表 4 - 11 中的数据,确定其预算价值、人工费、材料费、机械费并进行工料分析。

表 4 - 11　墙柱面镶贴面砖

项目编号			2 - 157	2 - 158
项目名称			面砖(水泥砂浆粘贴)	
			周长(以内),mm	
			800	1200
综合基价,元			76.16	89.63
其中	基价,元		63.93	77.95
	其中	人工费,元	16.75	16.00
		材料费,元	46.85	61.62
		机械费,元	0.33	0.33
	综合费用,元		12.23	11.68

	名　称	单位	单价,元	数量	
人工	综合用工一类	工日	36.00	0.4654	0.4445
材料	水泥砂浆 1:2	m³	—	(0.0051)	(0.0051)
	水泥砂浆 1:3	m³	—	(0.0169)	(0.0169)
	水泥 32.5	kg	0.240	9.6377	9.6377
	白水泥	kg	0.400	0.2060	0.2060
	中砂	kg	0.1936	34.5163	34.5163
	全瓷墙面砖 300×300	m²	56		1.04
	全瓷墙面砖 200×150	m²	42.0	1.035	—
	石料切割锯片	片	20.00	0.01	0.01
	水	m³	2.98	0.0156	0.0156
	棉纱头	kg	4.70	0.0100	0.0100
机械	灰浆搅拌机 200L	台班	42.46	0.0028	0.0028
	石料切割机	台班	13.93	0.015	0.015
综合费用	费用	元	—	8.088	8.048
	利润	元	—	3.35	3.2

解:根据 2003 年预算定额中墙柱面工程(分部工程)说明第 3 条的规定,圆弧形、锯齿形等不规则墙面抹灰、镶贴块料按相应项目人工乘以系数 1.15,材料乘以系数 1.05。

(1)据工程项目内容和表 4-11 中的数据,经判断必须对人工费和材料费进行调整。

(2)从墙面贴面砖的定额表(表 4-11)中查出调整前的基价为 89.63 元/m²,定额人工费为 16 元/m²。

(3)计算调整后的定额基价:

调整后的定额基价 = 89.63 + 16 × (1.15 - 1) + 61.62 × (1.05 - 1) = 95.111(元/m²)

(4)写出调整后的定额编号(2-158)$_换$。

(5)调整后的预算价值 = 调整后的基价 × 工程量 = 95.111 × 159.27 = 15148.33(元)。

3. 材料价格换算法

对于建筑材料(装饰)的"主材"的市场价格与相应的预算价格不同而引起定额基价的变化时,可根据各地区市场价格信息资料或购入价在原定额预算基价的基础上换算。

【例 4-5】 某房间地面铺贴花岗岩板(周长 3200mm 以内、单色),其工程量为 73.45m²,其花岗岩板的市场价格为 390 元/m²,根据表 4-12 中的数据,计算花岗岩板价格变动后的定额基价和预算价值。

表 4-12　花岗岩楼地面、轻钢天棚龙骨

项 目 编 号	1-008	1-009	3-021
项 目 名 称	花岗岩楼地面		轻钢天棚龙骨 (不上人型)
	周长 3200mm 以内		面层规格 300×300
	单色	多色	平面

			291.38	291.98	39.31
	综合基价,元		284.3	284.65	33.26
	基价,元				
其中	其中	人工费,元	9.69	10.04	8.28
		材料费,元	274.17	274.17	24.88
		机械费,元	0.44	0.44	0.10
	综合费用,元		7.08	7.33	6.05
	名称	单位	单价,元	数量	
人工	综合用工一类	工日	36.00	0.2692	0.2788	0.23
材料	水泥砂浆1:4	m³	—	(0.0303)	(0.0303)	
	水泥浆1:3	m³	—	(0.001)	(0.001)	
	水泥32.5	kg	240	10.6829	10.6829	
	白水泥	kg	400	0.103	0.103	
	中砂	kg	19.63	48.5709	48.5709	
	花岗岩板 500×500	m²	265.00	1.02	1.02	
	轻钢天棚龙骨(不上人型)	m²	21.95	—	—	1.015
	石料切割锯片	片	20.00	0.0042	0.0042	
	水	m³	2.98	0.0357	0.0357	
	棉纱头	kg	4.70	0.0100	0.0100	
机械	灰浆搅拌机200L	台班	42.46	0.0038	0.0038	
	石料切割机	台班	13.93	0.0201	0.0201	
综合费用	费用	元	—	5.14	5.32	
	利润	元	—	1.94	2.01	

解:查表4-12,花岗岩板(500mm×500mm)的预算价格为265元/m²。

换算后的基价 = 定额基价 + 定额材料消耗量×(材料市场价 - 材料预算价格)

$$= 284.3 + 1.02 × (390 - 265) = 411.8(元/m^2)$$

预算价值 = 411.8 × 73.45 = 30246.71(元)

【例4-6】 某工程轻钢天棚龙骨(不上人型、面层规格300mm×300mm平面)的工程量为95.76m²,其轻钢骨架的市场价为25元/m²,定额中预算价格为21.95元/m²,定额消耗量为1.015m²,基价为39.31元。试计算轻钢骨架主龙骨价格变动后的定额基价和预算价值。

解:换算后的基价 = 基价 + 定额用量(市场价 - 预算价)

$$= 39.31 + 1.015(25 - 21.95) = 42.41(元/m^2)$$

预算价值 = 95.76 × 42.41 = 4060.775(元)

4.材料用量换算法

当施工图设计的工程项目的"主材"用量,与定额规定的"主材"用量不同时,可以对基价进行调整。

【例4-7】 某工程墙面作镜面玻璃,其工程量为215.36m²,施工图设计的镜面玻璃实际用量268m²(包括损耗),根据表4-13中的数据,计算换算后的基价和预算价值?

表 4 – 13　镜面玻璃、铝合金栏杆、干粘白石子、挂贴大理石

项 目 编 号				6 – 110	1 – 186	2 – 018	2 – 040
项 目 名 称				镜面玻璃 m²	铝合金栏杆 m	干粘白石子 m²	挂贴大理石 m²
				1m² 以内	10 茶色玻璃栏板	柱面	混凝土柱面
				带框	全玻		
综 合 基 价，元				318.7	129.25	19.66	350.11
其中	其中	基价，元		304.02	102.5	13.04	320.88
			人工费，元	20.11	36.65	9.07	40.04
			材料费，元	283.42	62.97	3.86	279.75
			机械费，元	0.49	2.88	0.11	1.09
	综合费用，元			14.68	26.75	6.62	29.23
名称		单位	单价，元	数量			
人工	综合用工一类	工日	36.00	—	1.018	0.3945	1.1123
材料	水泥砂浆 1:3	m³	—	—	—	(0.02)	—
	水泥砂浆 1:2.5	m³	—	—	—	—	(0.0393)
	水泥 32.5	kg	240	—	—	9.582	20.5625
	白石子	kg	400	—	—	7.6667	—
	中砂	kg	19.63	—	—	32.06	62.9979
	大理石板		—	—	—	—	1.06
	镜面玻璃 6mm	m²	75	1.18	—	—	—
	铝合金方管 25×25×1.2	kg	21.95	—	0.926	—	—
	石料切割锯片	片	20.00	0.0042	0.0042	—	0.0269
	水	m³	2.98	0.0357	0.0357	0.0141	0.0274
	棉纱头	kg	4.70	0.0100	0.0100	—	0.01
机械	灰浆搅拌机 200L	台班	42.46	0.0038	0.0038	0.0025	0.0049
	石料切割机	台班	13.93	0.0201	0.0201	—	0.0408
综合费用	费用	元	—		5.14	5.32	4.81	21.22
	利润	元	—		1.94	2.01	1.81	8.01

解：(1)从表 4 – 13 中查出项目编号为 6 – 110。

(2)查出基价为 304.02 元，定额消耗量为 1.18m²，预算价格为 75 元/ m²。

(3)计算定额单位消耗量 = 268 ÷ 215.36 = 1.2444（m²）。

(4)换算后的基价 = 304.02 + (1.244 – 1.18) × 75 = 308.82（元）。

(5)写出定额编号(6 – 110)换。

(6)换算后的预算价值 = 215.36 × 308.82 = 66507.48（元）。

5. 材料种类换算法

当施工图设计的工程项目内容所采用的材料种类与定额规定的材料种类不同时而引起的定额基价的变化时，定额规定必须进行换算，其换算的方法和步骤如下：

（1）据工程项目内容，从定额目录中查出工程项目所在的定额手册中的页数及部位。

（2）从定额表中查出调整前的基价，换出材料定额消耗量及相应的预算价格。

（3）计算换入材料定额计量单位消耗量，并查出相应市场价格。

（4）计算定额计量单位换入（换出）材料费。

$$换入材料费 = 换入材料的市场价格 × 相应材料的定额单位消耗量 \qquad (4-41)$$

$$换出材料费 = 换出材料的预算价格 × 相应材料的定额单位消耗量 \qquad (4-42)$$

（5）计算换算后的定额基价。

$$换算后的定额基价 = 定额基价 + 换入材料费 - 换出材料费 \qquad (4-43)$$

（6）写出调整后的定额编号。

（7）计算调整后的预算价值。

$$调整后的预算价值 = 调整后的基价 × 工程量 \qquad (4-44)$$

【例 4-8】 某工程宝丽板墙裙工程量为 $62.58m^2$，其中宝丽板实际用量为 $68.21m^2$（包括损耗），宝丽板的市场价格为 32.49 元/m^2，试计算其预算价值。

解：（1）查出胶合板墙裙项目，经判断必须进行调整。

（2）查出换算前的基价 7863.15 元/$100m^2$，胶合板墙裙定额消耗量 $105m^2$，相应的预算价格为 28.4 元/m^2。

（3）计算宝丽板定额计量单位实际消耗量 $= 68.21 × 100 ÷ 62.58 = 109（m^2）$。

（4）换出材料费 $= 28.4 × 105 = 2982（元）$，换入（宝丽板）材料费 $= 32.49 × 109 = 3541.41$（元）。

（5）换算后的定额基价 $= 7863.15 + (3541.41 - 2982) = 8422.56（元）$。

（6）换算后的预算价值 $= (62.58 ÷ 100) × 8422.56 = 5270.84（元）$。

6. 材料规格换算法

当施工图设计的工程项目的"主材"规格与定额规定的"主材"规格不同而引起定额基价的变化时，定额规定必须换算。

【例 4-9】 某工程项目作镭射玻璃地面，工程量为 $62.39m^2$，施工采用的镭射玻璃钢化地砖规格 $400mm × 400mm$，用量 $68.63m^2$，而定额规定的镭射玻璃钢化地砖规格 $500mm × 500mm$。计算换算后的预算价值。

解：（1）经判断定额需要换算。

（2）从定额基价表中查出换算前的基价 58772.37 元/$100m^2$，定额规定的镭射玻璃钢化地砖规格 $500mm × 500mm$，消耗量为 $102m^2/100m^2$，相应的预算价格为 558 元/m^2。

（3）从装饰材料市场价格信息中，查出 $400mm × 400mm$ 的镭射玻璃钢化地砖的市场价格为 463 元/m^2。

（4）定额计量单位图纸规格材料费 $= 463 × (68.63 ÷ 62.39) × 100 = 50930.74（元）$；

定额计量单位定额规格材料费 $= 558 × 102 = 56916（元）$；

差价 $= 56916 - 50930.74 = 5985.26（元）$。

（5）换算后的定额基价 $= 58772.37 - 5985.26 = 52787.11（元）$。

（6）写出换算后的定额编号：$(28-53)_换$。

（7）计算换算后的预算价值 $= 62.39 × 52787.11 ÷ 100 = 32933.88（元）$。

【例 4-10】 某装饰工程为混凝土柱面挂贴大理石，采用 1:2 水泥砂浆结合，工程量为

$86m^2$,根据表4-13中的数据,计算换算后基价和预算价值(已知1:2水泥砂浆的价格为162.25元/m^2,1:2.5水泥砂浆的价格为149.35元/m^2)。

解:查表4-13,得出定额基价为320.88元/m^2,定额中水泥砂浆消耗量为0.0393m^2,定额采用的是1:2.5砂浆,须换算。

$$换算后的定额基价 = 定额基价 + 定额砂浆用量(设计砂浆单价 - 定额砂浆单价)$$
$$= 320.88 + 0.0393 \times (162.25 - 149.35) = 321.387(元/m^2)$$
$$预算价值 = 换算后的基价 \times 工程量 = 321.387 \times 86 = 27639.28(元)$$

8. 混凝土强度等级换算法

定额换算的基本思路是根据选定的预算定额项目的基价,按规定换入增加的费用,换出减少的费用。依据这一思想,构件混凝土换算的特点是混凝土用量不变,人工费、机械费不变,只换算混凝土强度等级或集料粒径,公式为:

$$换算后的定额基价 = 定额基价 + 定额混凝土用量(设计混凝土单价 - 定额单价)$$

$$(4-45)$$

三、补充定额的应用

施工图中的某些工程项目,由于采用了新结构、新构造、新材料和新工艺等原因,在编制预算定额时未列入。同时,也没有类似定额项目可借鉴。在这种情况下,为确定预算造价,必修编制补充定额项目,报请工程造价管理部门审批后执行。套用补充定额项目时,应在定额编号的分部工程序号后注明"补"字,以示区别。

思 考 题

1. 什么是预算定额,它与施工定额之间的关系是什么?

2. 预算定额有什么作用?

3. 预算定额的编制依据和原则是什么?

4. 试述预算定额的编制步骤。

5. 什么是人工单价,它由哪几部分组成,影响人工单价的主要因素有哪些?

6. 什么是材料价格,它由哪几部分组成,影响材料价格的主要因素有哪些? 如何确定?

7. 什么是机械台班单价,它由哪几部分组成,如何确定?

8. 已知某施工机械预算价格为10万元,使用寿命为8年,银行年贷款利率为7%,残值率为2%,机械耐用台班数为2000台班。试求该机械台班的折旧费。

9. 某施工机械预计使用10年,耐用总台班数为3000台班,使用期内有4个大修周期,一次大修理费为5000元。试求该机械台班大修理费。

10. 某工程购置袋装水泥100t,供应价为300元/t,运杂费为30元/t,运输损耗率为2.5%,采购及保管费率为3%。求该工程水泥的价格。

11. 预算定额的人工消耗量指标包括哪些用工,它们应如何计算?

12. 预算定额中的主要材料耗用量是如何确定的,次要材料消耗量在定额中是如何表示的?

13. 预算定额的机械台班消耗量指标是如何确定的?

14. 预算定额由哪些内容组成？什么是定额基价？它有什么作用？

15. 定额与单价应用有几种情况,定额调整与换算有几种形式？

自测题（四）

一、单项选择题

1. 完成 10m³ 的砌筑工程,需消耗砖净量 10000 块,有 500 块的损耗量,则材料损耗率和材料消耗定额分别为(   )。

A 5%,1000 块/m³　　B 5%,1050 块/m³　　C 4.76%,1050 块/m³　　D 4.76%,1000 块/m³

2. 工序交换时,对前一工序不可避免的修整用工为(   )。

A 基本用工　　　　B 其他用工　　　　C 辅助用工　　　　　D 人工幅度差

3. 施工机械耐用总台班数,指机械从投入使用至(   )前的总台班数。

A 大修　　　　　B 报废　　　　　C 一项工程竣工　　　　D 满 5 年

4. 建筑安装工程人工单价除计时或计件工资以外,还应包括(   )。

A 奖金、津贴补贴、加班加点工资　　　　B 奖金、辅助工资、劳动保护费

C 奖金、津贴补贴、职工福利费　　　　　D 工资性补贴、加班加点工资、劳保福利费

5. 某机械预算价格为 10 万元,耐用总台班为 4000 台班,大修间隔台班为 800 台班,一次大修理费为 4000 元,则台班大修理费为(   )。

A 1 元　　　　　B 2.5 元　　　　　C 4 元　　　　　　D 5 元

6. 某种材料供应价 145 元/t,不需包装,运输费为 37.28 元/t,运输损耗为 14.87 元/t,采购保管费率为 2.5%,则该材料预算价格为(   )元/t。

A 200.78　　　　B 202.08　　　　C 201.71　　　　　D 201.15

7. 材料预算价格是指材料由交货地运到(   )后的价格。

A 施工工地　　　B 施工操作地点　　C 施工工地仓库出库　　D 施工工地仓库

8. 下列费用不属于机械台班单价组成部分的是(   )。

A 折旧费　　　　　　　　　　　B 大修理及经常修理费

C 大型机械进退场费　　　　　　D 机上人工及燃料动力费

9. 与台班折旧费的计算相关的是(   )。

A 残值率　　　　B 贷款利息系数　　C 物价上涨系数　　D 耐用总台班

10. 某施工机械预计使用 8 年,耐用总台班数为 2000 台班,使用期内有 3 个大修周期,一次大修理费为 4500 元,则台班大修理费为(   )。

A 6.75 元　　　　B 4.50 元　　　　C 0.84 元　　　　　D 0.56 元

11. 预算定额人工消耗量的人工幅度差是指(   )。

A 预算定额消耗量与概算定额消耗量的差额

B 预算定额消耗量自身的误差

C 预算定额消耗量与全部工时消耗量的差额

D 预算定额人工工日消耗量与施工劳动定额消耗量的差额

12. 预算定额是按照(   )编制的。

A 社会平均先进水平　　　　　　　　B 社会平均水平

C 行业平均先进水平 　　　　　　　　　D 行业平均水平

13. 预算定额的编制应遵循(　　)原则。

A 差别性和统一性相结合 　　　　　　B 平均先进性

C 独立自主 　　　　　　　　　　　　D 以专家为主

14. 下列计算单位属于施工定额而不属于预算定额的是(　　)。

A 公斤 　　　　　B 平方米 　　　　　C 千块 　　　　　D 吨

15. 预算定额的人工工日消耗量应包括(　　)。

A 基本用工和其他用工

B 基本用工和辅助用工

C 基本用工和人工幅度差用工

D 基本用工、其他用工和人工幅度差用工

16. 完成 $10m^3$ 砖墙需基本用工 26 个工日,辅助用工为 5 个工日,超距离运砖需 2 个工作日,人工幅度差系数为 10%,则预算定额人工工日消耗量是(　　)。

A 36.3 　　　　　B 35.8 　　　　　C 35.6 　　　　　D 33.7

17. 预算定额机械耗用台班是由(　　)构成的。

A 施工定额机械耗用台班 + 机械幅度差

B 概算定额耗用台班 + 机械幅度差

C 施工机械台班产量定额 + 机械幅度差

D 施工机械时间定额 + 机械幅度差

18. 预算定额是规定消耗在单位的(　　)上的人工、材料和机械台班的数量标准。

A 分部分项工程 　　　　　　　　　B 分项工程和结构构件

C 单位工程 　　　　　　　　　　　D 施工过程

19. 在预算定额编制阶段,编制内容不包括(　　)。

A 确定定额的计算单位和计算口径

B 确定定额的项目划分和工程量计算规则

C 计算、复核和测算定额人工、材料和机械台班耗用量

D 保持预算定额与施工定额计量单位一致

20. 在预算定额编制阶段,要求统一的是(　　)。

A 工程量清单 　　　B 人工消耗量 　　　C 施工定额 　　　　D 计量单位

二、多项选择题

1. 在下列费用中,应列入建筑安装工程费中人工工日工资单价的有(　　)。

A 加班加点工资 　　　　B 津贴补贴 　　　　　C 特殊情况下支付的工资

D 生产工人福利费 　　　E 计时或计件工资

2. 影响材料预算价格变动的主要因素有(　　)。

A 材料生产成本 　　　　B 材料供应体制 　　　　C 市场需要情况

D 运输距离及方式 　　　E 材料的消耗水平

3. 机械台班单价组成的内容有(　　)。

A 预算价格 　　　　　　B 大修理费 　　　　　　C 经常修理费

D 燃料、动力费 　　　　E 机上操作人员的工资

4.机械折旧费的计算依据包括(　　)。

A 机械预算价格　　　　　　B 残值率　　　　　　　C 机械现场安装费

D 贷款利息系数　　　　　　E 耐用总台班数

5.组成材料预算价格组成内容包括(　　)。

A 材料供应价　　　　　　　B 采购保管费　　　　　C 场外运输费及损耗

D 场内运输费　　　　　　　E 包装费

6.工程建设定额中属于计价性定额的有(　　)。

A 概算指标　　　　　　　　B 概算定额　　　　　　C 预算定额

D 施工定额　　　　　　　　E 投资估算指标

7.编制预算定额的原则是(　　)。

A 平均性原则　　　　　　　B 平均先进原则　　　　C 简明适用原则

D 统一性与差别性相结合　　E 独立自主原则

8.预算定额不能用于计算(　　)。

A 人工、材料、机械消耗量　B 分部分项工程费　　　C 现场经费

D 规费　　　　　　　　　　E 建筑工程费

9.预算定额中人工工日消耗量应包括(　　)。

A 基本用工　　　　　　　　B 辅助用工　　　　　　C 人工幅度差

D 多余用工　　　　　　　　E 超运距用工

10.预算定额中材料损耗量包括(　　)。

A 施工操作中的材料损耗　　B 施工、地点材料堆放损耗　　C 材料采购运输损耗

D 材料场内运输损耗　　　　E 材料仓库内外保管损耗

四、计算题

1.某工程使用的白石子这种地方材料,经货源调查后确定,甲厂可以供货 30%,原价 75 元/t;乙厂可供货 25%,原价 70 元/t;丙厂可供货 10%,原价 83.20 元/t;丁厂可供货 35%,原价 72 元/t。甲乙两厂为水路运输,甲厂运距 60km,乙厂运距 67km,运费 0.35 元/km,卸费 2.8 元/t,船费 1.3 元/t,途中损耗 2.5%。丙、丁两厂为汽车运输,运距分别为 50km 和 58km,运费 0.40 元/km。调车费 1.35 元/t,装卸费 2.30 元/t,途中损耗 3%。材料包装费均为 10 元/t,采购保管费率 2.8%,试计算白石子的预算价格。

2.砖筑一砖半砖墙的技术测定资料如下:

(1)完成 1m³ 的砖体需基本工作时间 15.5h,辅助工作时间占工作班延续时间的 3%,准备与结束工作时间占 3%,不可避免中断时间占 2%,休息时间占 16%,人工幅度差系数为 10%,超距离运砖每千砖需耗时 2.5 h。

(2)砖墙采用 M5 水泥砂浆,实体积与虚体积之间的折算系数为 1.07,砖和砂浆的损耗率均为 1%,完成 1m³ 砌体须耗水 0.83m³,其他材料费占上述材料费的 2%。

(3)砂浆采用 400L。搅拌机现场搅拌,运料需 200s,装料 50s,搅拌 80s,卸料 30s,不可避免中断 10s,机械利用系数 0.8,幅度差系数为 15%。

(4)人工工日单价为 20 元/工日,M5 水泥砂浆单价为 120 元/m³,黏土砖单价 190 元/千块,水为 0.6 元/m³。400 L 砂浆搅拌机台班单价 100 元/台班。

问题:

(1)计算确定砌筑 $1m^3$ 砖墙的施工定额。

(2) $1m^3$ 砖墙的预算定额单价。

3.某建设项目一期工程的土方开挖由某机械化施工公司承包,经审定的施工方案为:采用反铲挖土机挖土,液压推土机推土(平均推土距离为50m),为防止超挖和扰动地基土,按开挖总土方总量的20%作为人工清底、修边坡工程量。为确定该土方开挖的预算单价,双方决定采用实测的方法对人工及机械台班的消耗量进行确定,实测的有关数据如下:

(1)反铲挖土机纯工作 1 h 的生产率为56 m^3,机械利用系数为0.80,机械幅度差系数为25%。

(2)液压推土机纯工作 1h 的生产率为92 m^3,机械利用系数为0.85,机械幅度差系数为20%。

(3)人工连续作业挖 $1m^3$ 土方需要基本工作时间为90min,辅助工作时间、准备与结束工作时间、不可避免中断时间、休息时间分别占工作延续时间的2%、2%、1.5%和20.5%。人工幅度差系数为10%。

(4)挖、推土机作业时,需要人工进行配合,其标准为每个台班配合 1 个工日。

(5)根据有关资料,当地人工综合日工资标准为 20.5 元,反铲挖土机台班预算单价789.20元,推土机台班预算单价473.40 元。

问题:试确定每1000 m^3 土方开挖的预算单价。

4.某市政工程需砌筑一段毛石护坡,拟采用 M5 水泥砂浆砌筑。根据甲、乙双方商定,工程单价的确定方法是:首先,现场测定每 $10m^3$ 砌体人工工日、材料、机械台班消耗指标,并将其乘以相应的当地价格确定。各项测定参数如下:

(1)砌筑 $1m^3$ 毛石砌体需工时参数为:基本工作时间为 13.5h(折算为 1 人工作);辅助工作时间为工作延续时间的3%;准备与结束时间为工作延续时间的2%;不可避免的中断时间为工作延续时间的2%;休息时间为工作延续时间的18%;人工幅度差系数为10%。

(2)砌筑 $1m^3$ 毛石砌体需各种材料净用量为:毛石 $0.72m^3$;M5 水泥砂浆 $0.30m^3$;水 $0.80m^3$。毛石和砂浆的损耗率分别为:2%、1%。

(3)砌筑 $1m^3$ 毛石砌体需200L 砂浆搅拌机 0.5 台班,机械幅度差系数为15%。

问题:

(1)试确定该砌体工程的劳动定额。

(2)假设当地人工日工资标准为 20 元/工日,毛石单价为 50 元/ m^3;M5 水泥砂浆单价为125.8 元/ m^3;水单价为1.80 元/ m^3;其他材料费为毛石、水泥砂浆和水费用的2%。200L 砂浆搅拌机台班费为 210 元/台班。试确定每1 $0m^3$ 砌体的预算单价。

5.某装饰工程分项为大理石(汉白玉大理石 600×600×20)螺旋楼梯 $120m^2$,已知:基价41090.65 元/ $100m^2$,其中人工费 856.41 元/ $100m^2$,机械费 297.96 元/ $100m^2$,大理石板39268.87 元/ $100m^2$。确定其预算价值、人工费、材料费、机械费并进行工料分析。螺旋楼梯装饰按相应项目:人工、机械乘以1.2,块料用量乘以1.10。

第五章　概算定额与概算指标

第一节　概算定额

一、概算定额的概念

1. 概算定额的含义

概算定额是指生产一定计量单位的扩大分项工程或结构构件所需要的人工、材料和机械台班的消耗数量及费用的标准。

2. 概算定额的特点

概算定额是在综合预算定额或预算定额的基础上，根据有代表性的建筑工程通用图和标准图等资料，对综合预算定额或预算定额相关子目进行适当综合、合并、扩大而成。

(1) 项目划分贯彻简明适用的原则，以简化设计概算编制手续。

(2) 全部定额子目与实际工程项目相对应，基本形成独立、完整的单位产品价格，便于设计人员做多方案技术经济比较，提高设计质量。

(3) 以综合预算定额为基础，充分考虑到定额水平合理的前提，取消换算系数，原则上不留活口，为有效控制建设投资创造条件。

(4) 与综合预算定额相比，概算定额水平有 5% 的定额幅度差，使概算真正能起到控制预算的作用。

概算定额和预算定额在编排次序、内容形式上基本相同，有总说明、分部分项工程说明、工程量计算规则，以及每个定额子目的定额基价、人工费、机械费、材料费和主要材料用量等。两者所不同的是概算定额篇幅更小、子目更少。因此，概算工程量的计算和概算表的编制比编制施工图预算简单得多。

概算定额与预算定额的不同之处，主要在于项目划分粗细程度和综合扩大程度上的差异，它们所起作用也各不相同。概算定额的水平应与预算定额水平保持一致，即社会平均水平。也就是说在正常情况下，反映大多数企业及工人所能完成和达到的水平。

概算定额可根据专业性质不同分类，如图 5-1 所示。

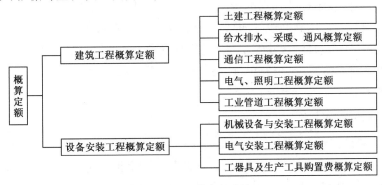

图 5-1　概算定额分类

二、概算定额的作用

（1）作为编制设计概算的依据。对于大中型建设项目，要经过初步设计、技术设计和施工图设计三个阶段。根据规定，在初步设计阶段要编制设计概算，在技术设计阶段要编制修正概算，无论是设计概算还是修正概算都必须以概算定额为依据进行编制。

（2）作为快速编制施工图预算、工程标底和投标报价参考。按照定额计价的理论，预算定额是编制施工图预算、工程标底和投标报价的依据。但在时间紧、任务急的情况下，也可把概算定额作为快速编制施工图预算、工程标底和投标报价的参考。

（3）作为设计人员在初步设计阶段做多方案技术经济比较的依据。在满足功能、技术性能和业主要求的前提下，一个项目可能有不同的建设方案。如何在几个方案中选择一个投资少、经济效益明显的方案，就需要根据概算定额计算人工、材料和机械台班的消耗量，消耗量少的那个方案即为最佳方案。

（4）概算定额是编制主要材料需要量的计算基础。保证材料、物资供应是建筑工程施工顺利进行的先决条件。根据概算定额的材料消耗指标，计算出工程用料数量，能为编制主要材料消耗量提供计算依据。

（5）概算定额是编制概算指标的基础。

三、概算定额的编制原则与依据

1. 概算定额的编制原则

（1）应贯彻社会平均水平，符合价值规律，反映现阶段社会生产力水平，与预算定额相比应留有5%的定额幅度差，使设计概算真正能起到控制施工图预算的作用。

（2）应有一定的编制深度，但又要简明适用。概算定额的项目划分应简明齐全和便于计算，在保证一定准确性的前提下，以主体结构分项工程为主，合并相关子项。

（3）应尽量少留活口或不留活口，以稳定概算定额水平并减少概算编制的工作量。如对混凝土强度等级、砌筑砂浆标号、抹灰砂浆配合比、钢筋和预埋铁件用量等，可根据有代表性的工程的不同部位，通过测算、统计而综合确定出合理的数据。设计与定额不符时，一般均不调整。

2. 概算定额的编制依据

（1）国家的方针政策、法律法规；
（2）现行的设计、施工标准和规范；
（3）典型的有代表性的标准设计图纸、标准图集；
（4）现行的各省、市、自治区建筑安装工程预算定额；
（5）现行的人工工资标准、材料单价、机械台班单价；
（6）现行的概算定额。

3. 概算定额的编制步骤

新定额的编制是在对老定额的使用情况和相关信息资料不断调查研究基础上进行的。概算定额的编制一般分为三个阶段：准备阶段、编制阶段和审批阶段。

（1）准备阶段，主要是搜集、整理和归纳原有定额的执行情况及存在问题。应该说，这些信息资料的搜集是一项长期的工作,它贯穿于原有定额执行的全过程。

(2)编制阶段,根据搜集到的信息资料,拟定新定额的编制范围、编制内容、编制细则和定额子目的划分,并对有关设计施工方面的技术数据进行细致的测算和分析,编制出概算定额的初稿,将初稿的定额水平与预算定额相比较,分析两者在水平上的一致性(一般概算定额水平比预算定额水平低5%)。如果差距较大,则应进行必要的调整。

(3)审批阶段,在征求有关方面的意见并修改后,形成审批稿,再经主管部门批准后颁布实施,如图5-2所示。

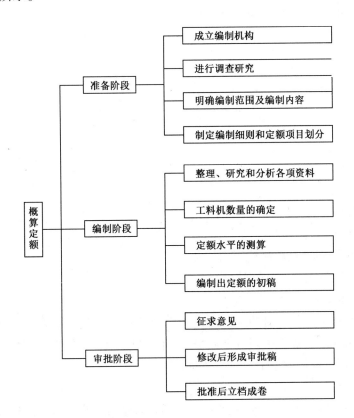

图5-2 概算定额的编制程序

四、概算定额的组成内容与应用

1. 概算定额的内容

按专业特点和地区特点编制的概算定额手册,其内容基本上是由文字说明、定额项目表和附录三个部分组成。

1)文字说明

文字说明部分有总说明和分部工程说明之分。在总说明中,主要阐述概算定额的编制目的、编制依据、使用范围、包括的内容及作用、使用方法及取费基础等。分部工程说明主要阐述本分部工程包括的综合工作内容及分部分项工程的工程量计量规则等。

2)定额项目表

定额项目表是概算定额的核心,主要包括以下内容:

（1）定额项目的划分。

概算定额项目一般有两种划分方法。

①按工程结构划分。一般是按土石方、基础、墙、梁板柱、门窗、楼地面、屋面、装饰、构筑物等工程结构划分。

②按工程部位（分部）划分。一般是按基础、墙体、梁柱、楼地面、屋盖、其他工程部位等划分，如基础工程中包括了砖、石、混凝土基础等项目。

每一扩大分部定额均可有章节说明、工程量计算规则和定额表。

例如，某省概算定额将单位工程分成12个扩大分部，顺序如下：

（1）土方工程

（2）打桩工程

（3）基础工程

（4）墙体工程

（5）柱、梁工程

（6）楼地面、顶棚工程

（7）屋盖工程

（8）门窗工程

（9）构筑物工程

（10）附属工程及零星项目

（11）脚手架、垂直运输、超高施工增加费

（12）大型施工机械进（退）场安拆费

（2）定额项目表。

定额项目表是概算定额手册的主要内容，由若干分节定额组成。各节定额由工程内容、定额表及附注说明组成。定额表中列有定额编号、计量单位、概算价格、人工、材料、机械台班消耗量指标，综合了预算定额的若干项目与数量。

3）附录。

附录是概算定额内容的一部分，主要有工程项目含量表、定额材料价格取定表等。

下面列出了现浇钢筋混凝土柱概算定额表（表5-1）和现浇钢筋混凝土柱含量表（表5-2），供大家参考。

表5-1　现浇钢筋混凝土柱概算定额表

工程内容：模板制作、安装、拆除，钢筋制作、安装，混凝土浇捣、抹灰、刷浆。　　　　　　单位：10m³

概算定额编号			4-3		4-4	
项目	单位	单价,元	矩形柱			
			周长1.8m以内		周长1.8m以外	
			数量	合价	数量	合价
基准价	元		13428.76		12947.26	
其中	人工费	元	2116.40		1728.76	
	材料费	元	10272.03		10361.83	
	机械费	元	1040.33		856.67	

	合计工	工日	22.00	96.20	2116.40	78.58	1728.76
材料	中(粗)砂(天然)	t	35.81	9.494	339.98	8.817	315.74
		t	36.18	12.207	441.65	12.207	441.65
	碎石 5~20mm	m³	98.89	0.221	20.65	0.155	14.55
	石灰膏	m³	1000.00	0.302	302.00	0.187	187.00
	普通木成材	t	3000.00	2.188	6564.00	2.407	7221.00
	圆钢(钢筋)	kg	4.00	64.416	257.66	39.848	159.39
	组合钢模版	kg	4.85	34.165	165.70	21.134	102.50
	钢支撑(钢管)	kg	4.00	33.954	135.82	21.004	84.02
	零星卡具	kg	5.96	3.091	18.42	1.912	11.40
	铁钉	kg	8.07	8.368	67.53	9.206	74.29
	镀锌铁丝 22#	kg	7.84	15.644	122.65	17.212	134.94
	电焊条	kg	1.45	22.901	33.21	16.038	23.26
	803 涂料	m³	0.99	12.700	12.57	12.300	12.21
	水	kg	0.25	664.459	166.11	517.117	129.28
	水泥 42.5 级	kg	0.30	4141.200	1242.36	4141.200	1242.36
	水泥 52.5 级	元			196.00		90.60
	脚手架	元			185.62		117.64
	其他材料费						
机械	垂直运输费	元			628.00		510.00
	其他机械费	元			412.33		346.67

表 5-2　现浇钢筋混凝土柱含量表

单位:10m³

概算定额编号					4-3		4-4	
基准价					13428.76		12947.26	
估价表编号	名称	单位	单价,元	数量	合价	数量	合价	
	柱支模高度 3.6m 增加费用	元			49.00		31.10	
5-20 5-283 换 11-453 11-38 换	钢筋制作、安装	t	3408.80	2.145	7311.88	2.36	8044.77	
	组合钢模板	100m²	2155.09	0.957	2062.42	0.592	1275.81	
	C35 混凝土矩形梁	10m³	2559.21	1.000	2559.21	1.000	2559.21	
	刷 803 涂料	100m²	146.54	0.644	94.37	0.451	66.09	
	柱内侧抹砂浆	100m²	819.68	0.664	527.87	0.451	369.68	
	脚手架	元			196.00		90.60	
	垂直运输费	元			628.00		510.00	

2. 概算定额的应用规则

(1)符合概算定额规定的应用范围。

(2)工程内容、计量单位及综合程度应与概算定额一致。

（3）必要的调整和换算应严格按定额的文字说明和附录进行。

（4）避免重复计算和漏项。

（5）参考预算定额的应用规则。

第二节　概算指标

一、概算指标的概念

概算指标比概算定额更为综合和概括。建筑工程概算指标通常以整个建筑物和构筑物为对象，以建筑面积、体积或成套设备装置的台或组为计量单位而规定的人工、材料、机械台班的消耗量标准和造价指标。概算指标是比概算定额综合性更强的一种定额指标，它是已完工程概算资料的分析和概括，也是典型工程统计资料的计算成果。

概算指标可分为两大类：一类是建筑工程概算指标，另一类是设备与安装工程概算指标，如图 5 - 3 所示。

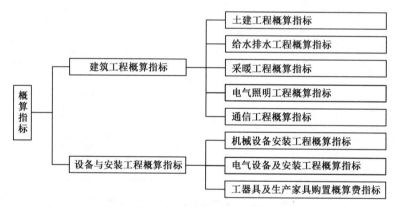

图 5 - 3　概算指标的分类

二、概算指标的作用

（1）概算指标可以作为在初步设计阶段编制设计概算的依据，这是指在不具备计算工程量条件或其他特殊情况下使用。

（2）概算指标可以作为设计单位在建设方案设计阶段进行设计方案技术经济分析和评价的依据。

（3）概算指标可以作为建设项目在决策阶段估算投资和计算资源需要量的依据。

（4）概算指标可以作为建设项目在可行性研究阶段编制项目投资估算的依据。

三、概算指标的编制原则和依据

1. 概算指标的编制原则

（1）按平均水平确定概算指标的原则；

（2）概算指标的内容和表现形式，要贯彻简明适用的原则；

（3）概算指标的编制依据，必须具有代表性。

2. 概算指标的编制依据

（1）国家及地区的现行工程建设政策、法令和规章；

（2）各种类型工程的典型设计和标准设计图纸；

（3）现行建筑工程综合预算定额、概算定额和间接费定额；

（4）现行材料预算价格、工资单价和施工机械台班单价；

（5）各种类型的典型工程结算资料；

（6）现行的设计、施工标准和规范。

3. 概算指标的编制步骤

（1）成立编制小组，拟定工作方案。要明确编制原则和方法，确定指标的内容和表现形式，确定基价所依据的人工工资单价、材料预算价格、机械台班单价。

（2）收集整理编制指标所必需的标准设计、典型设计，及有代表性的工程设计图纸、预算等资料，充分利用有使用价值的已经积累的工程造价资料。

（3）按指标内容及表现形式要求进行具体的计算分析。工程量要尽可能利用经过审定的工程竣工结算的工程量，以及可利用的可靠的工程量数据。由于原工程设计自然条件等的不同，必要时还要进行调整换算，按基价所依据的价格要求计算综合指标，计算出单位建筑面积的预算造价、人工费、材料费、机械费，并计算必要的主要材料消耗指标，用于调整价差的万元工、料、机消耗指标，可按不同类型工程划分项目进行计算。然后再分门别类地编制概算指标分类表。

（4）概算指标编好后，还要报送建设行政主管部门，审批后才能颁布实施。

四、概算指标的组成内容与分类

1. 概算指标的组成内容

一般分为文字说明、列表形式以及必要的附录。

1）文字说明

文字说明有总说明和分册说明之分，其内容一般包括：概算指标的编制范围、编制依据、分册情况、指标包括的内容、指标未包括的内容、指标的使用方法、指标允许调整的范围及调整方法等。

2）列表形式

要区分建筑工程的列表形式和安装工程的列表形式。

（1）建筑工程的列表形式。房屋建筑、构筑物一般是以建筑面积、建筑体积、"座"、"个"等为计算单位，附以必要的示意图。示意图画出建筑物的轮廓示意或单线平面图，列出综合指标（如元/m² 或元/m³）、自然条件（如地耐力、地震烈度等）、建筑物的类型、结构形式及各部位中结构的主要特点、主要工程量。

（2）安装工程的列表形式。设备以"t"或"台"为计算单位；通信电话站安装以"站"为计算单位。列出指标编号、项目名称、规格、综合指标（元/计算单位）之后一般还要列出其中的人工费，必要时还要留出主要材料费。

总体来讲，建筑工程列表形式分为以下几个部分：

（1）示意图。表明工程的结构、工业项目，还表示出吊车及起重能力等。

（2）工程特征。对采暖工程特征应列出采暖热媒及采暖形式；对电气照明工程特征可列出建筑层数、结构类型、配线方式、灯具名称等；对房屋建筑工程特征主要对工程的结构形式、层高、层数和建筑面积进行说明，见表5.3。

表 5.3　内浇外砌住宅结构特征

结构类型	层数	层高	檐高	建筑面积
内浇外砌	六层	2.8m	17.7m	4206m²

（3）经济指标。说明该项目每100m²的造价指标及其中的土建、水暖和电照等单位工程的相应造价见表5.4。

表 5.4　内浇外砌住宅经济指标　　　　　　　　　　100m² 建筑面积

项　　目		合计 元	其　　中			
			直接费	间接费	利润	税金
单方造价		30422	21860	5576	1893	1093
其中	土建	26133	18778	4790	1626	939
	水暖	2565	1843	470	160	92
	电照	614	1239	316	107	62

（4）构造内容及工程量指标。说明该工程项目的构造内容和相应计算单位的工程量指标及人工、材料消耗指标。

3）附录

附录是概算指标内容的一部分，主要有工程项目含量表、定额材料价值取定表等。

2. 概算指标的分类

概算指标分为两大类，一类是建筑工程概算指标，另一类是安装工程概算指标。

1）建筑工程概算指标

（1）一般土建工程概算指标；

（2）给排水工程概算指标；

（3）采暖工程概算指标；

（4）通信工程概算指标；

（5）电气照明工程概算指标；

（6）工业管道工程概算指标。

2）安装工程概算指标

（1）机器设备及安装工程概算指标；

（2）电气设备及安装工程概算指标；

（3）器具及生产家具购置费概算指标。

3. 概算指标的表现形式

1）房屋建筑工程概算指标

房屋建筑工程概算指标附有工程平面图和立面图，并列出其结构特征，如结构类型、层数、檐高、层高、跨度等。概算指标中列出每100m²建筑面积的分部分项工程量，主要材料消耗量。

2）水暖电安装工程概算指标

（1）给排水概算指标。列有工程特征及经济指标，其工程特征栏内一般列出建筑面积、建筑层数、结构类型等。经济指标栏内一般列出每100m²建筑面积的直接费。

（2）采暖概算指标。除与上述给排水概算指标相同内容外，其工程特征栏内还应列出采暖热媒（如说明采用高压蒸汽、热水等）及采暖形式（如说明采用双管上行式还是单管上行下给式等）。

(3)电气照明工程概算指标。其工程特征栏内一般列出建筑层数、结构类型、配线方式、灯具名称(如日光灯、吊灯、防水灯等)。在经济指标栏内一般列出每100m²建筑面积的直接费,其中人工工资单列,并列出主要材料消耗量。

4.概算指标的表示方法

概算指标在具体内容的表示方法上,分综合概算指标和单项概算指标两种形式。

1)综合概算指标是按照工业或民用建筑及其结构类型而制定的概算指标,综合概算指标的概括性较大,其准确性、针对性不如单项概算指标。

2)单项概算指标是指为某种建筑物或构筑物而编制的概算指标。单项概算指标的针对性较强,故指标中对工程结构形式要做介绍。只要工程项目的结构形式及工程内容与单项指标中的工程概况相吻合,编制出的设计概算就比较准确。

五、概算指标编制实例

××市某住宅小区造价分析

1.工程概况

工程名称	某住宅小区	建设地点	××市	工程类别	三类
建筑面积	30166m²	结构类型	框架结构	檐高	19m
层数	七层	单方造价	818元/m²	编制日期	××年××月
工程结构特征	本工程为19栋七层住宅楼,底层为车库,屋顶有阁楼。基础采用377沉管灌注桩,±0.00以上墙体采用标准砖、水泥砂浆砌筑,±0.00以下采用多孔砖、混合砂浆砌筑,建筑立面采用三段式设计,屋面是四坡水泥瓦,外墙以浅灰色涂料为主,二层以下为横条式仿青石棕色涂料,塑钢门窗,室内除公共部位外均为粗装修,墙面为混合砂浆毛墙面,地面为水泥砂浆毛地坪,内门不装,只留洞口,安装部分包括普通水电				

2.造价指标

项目		平米造价元/m²	占总造价比例%	项目		单方造价元/m²	占总造价比例%
总造价		817.72	100	安装		47.10	5.76
土建		770.62	94.24	其中	水	16.06	1.96
其中	结构	599.77	73.35		电	31.04	3.80
	装饰	170.85	20.89				

3.工程造价及费用组成

1)土建部分

项目	单方造价	占总造价比例%	项目	单方造价	占总造价比例%
总造价	770.62	100	差价	-23.00	-2.98
直接费	620.65	80.54	劳动保险费	12.41	1.61
综合费用	160.56	20.84			

2）安装部分

项目		总造价	主材费	安装费	其中 人工费	直接费	综合 费用	税金	价差	劳动 保险费
水	平米造价	16.06	5.52	7.37	1.57	12.89	2.48	0.52	−0.11	0.28
	百分比,%	100	34.37	45.89	9.77	80.26	15.44	3.24	−0.68	1.74
电	平米造价	31.04	14.19	7.24	3.88	21.43	6.14	1.03	1.74	0.70
	百分比,%	100	45.72	23.32	12.50	69.04	19.78	3.32	5.61	3.26
合计	平米造价	47.10	19.71	14.61	5.45	34.32	8.62	1.55	1.63	0.98
	百分比,%	100	41.85	31.02	11.57	72.87	18.30	3.29	3.46	2.08

4. 土建部分构成比例及主要工程量

项目	分部直接费,元	占直接费比例,%	单位	工程量,m²
土石方工程 挖土方	190328	1.03	m³	0.24
打桩工程 沉管灌注桩 凿桩头	2692422	14.51	m³ 个	0.17 0.06
基础与垫层 独立基础	1467344	7.91	m³	0.08
砖石工程 多孔砖墙	1085582	5.85	m³	0.19
砼及钢筋砼 柱 梁 板	8027402	43.26	m³ m³ m³	0.05 0.08 0.12
屋面工程 砼瓦	641658	3.46	m³	0.15
脚手架工程	335952	1.81		
楼地面工程 水泥砂浆楼地面	511763	2.76	m²	0.61
墙柱面工程 水泥砂浆墙柱面 混合砂浆墙柱面 石灰砂浆墙柱面	450441	4.04	m² m² m²	0.81 1.49 0.66
顶棚工程	184089	0.99		
门窗工程 塑钢门窗	1983982	10.69	m²	0.18
油漆涂料工程 外墙涂料 抹灰面乳胶漆	597090	3.22	m² m²	0.63 0.64
其他工程	89520	0.48		

5. 主要工料消耗指标

项目	单位	每平方米耗用量	每万元耗用量	项目	单位	每平方米耗用量	每万元耗用量
一、定额用工				碎石	t	0.34	5.48
1. 土建	工日	5.04	81.20	标准砖	块	14.1	227
2. 水	工日	0.10	—	多孔砖	块	67.6	1089
3. 电	工日	0.24	—	石灰	kg	16.59	267
二、材料消耗				2. 安装			
1. 土建				镀锌管	kg	0.16	—
钢筋	kg	75.18	1211	UPVC 管	m	0.27	—
水泥	kg	279.46	4503	型钢	kg	0.10	—
木材	m³	0.001	0.02	电线管	m	1.43	—
砂子	t	0.42	6.77	电线	m	5.06	—

思 考 题

1. 什么是概算定额,它有哪些作用?
2. 预算定额与概算定额有何异同点?
3. 概算定额的编制依据与编制原则有哪些?
4. 什么是概算指标,它有哪些作用?
5. 概算指标如何分类?
6. 试述概算指标的内容及表现形式。
7. 概算指标与概算定额有何异同?
8. 什么是投资估算指标?
9. 投资估算指标的作用和编制原则是什么?
10. 投资估算指标的内容一般可分几个层次?
11. 试述投资估算的编制方法。

自测题(五)

一、单项选择题

1. ( )是编制扩大初步设计概算,计算和确定工程造价,计算人工、材料、机械台班需要量所使用的定额。

　　A 概算定额　　　　B 概算指标　　　　C 预算定额　　　　D 施工定额

2. 概算定额是在( )基础上编制的。

　　A 预算定额　　　　B 劳动定额　　　　C 施工定额　　　　D 概算指标

3. 概算指标在具体内容和表示方法上,可分为( )两种形式。

A 综合指标和单项指标　　　　　　　　B 单项指标和单位指标

C 综合指标和分项指标　　　　　　　　D 综合指标和分类指标

4. 概算指标的分类包括( )。

A 综合指标、单项指标

B 建筑工程概算指标、安装工程概算指标

C 单位工程概算指标、单项工程概算指标、建设项目概算指标

D 人工概算指标、材料概算指标、机械台班概算指标

5. 一般来说,分部分项工程单价的编制依据是( )。

A 施工定额和预算定额　　　　　　　　B 预算定额和概算定额

C 概算定额和概算指标　　　　　　　　D 概算指标和投资估算指标

6. 某砖混结构的建筑体积是 $900m^3$,毛石带形钢筋基础的工程量为 $67.5m^3$。若每品毛石基础需要用砌石工 8.0 工日,又假定该单位工程中没有其他工程需要的砌石工。则每 $100m^3$ 建筑物需要的砌石工为( )工日。

A 10.7　　　　　　B 48.6　　　　　　C 60　　　　　　D 75.9

二、多项选择题

1. 概算定额的编制阶段包括( )。

A 准备阶段　　　　　　B 收集资料阶段　　　　　　C 编制阶段

D 整理资料阶段　　　　E 审查报批阶段

2. 概算指标的编制原则是( )。

A 平均水平原则　　　　B 平均先进水平原则　　　　C 简明适用原则

D 代表性原则　　　　　E 静态、动态相结合原则

3. 概算指标的表现形式包括( )。

A 一般房屋建筑概算指标　　B 分部工程概算指标　　　　C 土方工程分项指标

D 单项工程概算指标　　　　E 安装工程概算指标

4. 概算定额的编制原则是( )。

A 社会平均水平　　　　B 社会平均先进水平　　　　C 简明适用

D 以专家为主编制定额　　E 坚持统一性和差别性相结合

5. 下列属于设备安装工程概算定额的有( )。

A 通风空调工程　　　　B 电气设备安装　　　　　　C 给排水管道工程

D 机械设备安装工程　　E 建筑工程

6. 概算定额的编制依据有( )。

A 预算定额　　　　　　B 现行的设计标准规范　　　　C 施工定额

D 概算指标　　　　　　E 工、料、机价格

7. 概算指标列表形式一般包括( )。

A 工程特征　　　　　　B 经济指标　　　　　　　　C 构造内容

D 示意图　　　　　　　E 工程量指标

8. 概算定额与预算定额在( )方面比较相近。

A 项目划分　　　　　　B 表达主要内容　　　　　　C 表达主要方式

D 基本使用方式　　　　E 计量单位

第六章　投资估算指标和工期定额

第一节　投资估算指标

一、投资估算指标及其作用

1. 投资估算指标的含义

投资估算指标是编制和确定项目建议书及可行性研究报告等前期工作阶段投资估算的基础与依据。与概、预算定额比较，投资估算指标以独立的建设项目、单项工程或单位工程为对象，综合项目全过程投资和建设中的各类费用，是一种扩大的技术经济指标。

2. 投资估算指标的作用

投资估算指标作为为项目前期服务的一种扩大的技术经济指标，具有较强的综合性、概括性。其作用可以概括为：

(1)在项目建议书和可行性研究报告编制阶段，它是正确编制投资估算、进行多方案比选的依据，也可作为编制固定资产长远规划投资额的参考。

(2)在建设项目评价、决策过程中，它是评价建设项目投资可行性、分析投资效益的主要经济指标。

(3)在项目实施阶段，它是限额设计和工程造价确定与控制的依据。

(4)它可作为计算建设项目主要材料消耗量的基础。

随着我国社会主义市场经济体制的逐步建立，固定资产投资体制改革的深化，建设项目投资主体已趋于多元化，投资风险责任已趋分散。因此，在项目投资决策和实施阶段，利用估算指标强化投资项目的管理日益受到业主的高度重视。

二、投资估算指标的内容

投资估算指标是确定和控制建设项目全过程各项投资支出的技术经济指标，其范围涉及建设前期、建设实施期和竣工验收交付使用期等各个阶段的费用支出，内容因行业不同而有所差异，一般可分为建设项目综合指标、单项工程指标和单位工程指标三个层次。

1. 建设项目综合指标

建设项目综合指标指按规定应列入建设项目投资的从立项筹建开始至竣工验收交付使用的全部投资额，包括单项工程投资、其他费用和预备费等，其组成如图6-1所示。

建设项目综合指标一般以项目的综合生产能力单位投资表示，如"元/t""元/kW"，或以使用功能表示，如医院用床位(元/床)表示。

2. 单项工程指标

1)单项工程划分原则

单项工程指标指按规定应列入能独立发挥生产能力或使用效益的单项工程内的全部投资额，其一般划分原则如下：

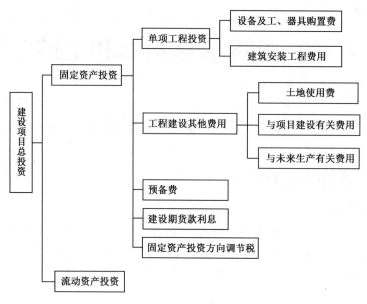

图 6-1 建设项目综合指标

（1）主要生产设施，指直接参加生产产品的工程项目，包括生产车间或生产装置。

（2）辅助生产设施，指为主要生产车间服务的工程项目，包括集中控制室、中央试验室、机修、电修、仪器仪表修理及木工（模）等车间，原材料、半成品、成品及危险品等仓库。

（3）公用工程，包括给排水系统（给排水泵房、水塔、水池及全厂给排水管网）、供热系统（锅炉房及水处理设施、全厂热力管网）、供电及通信系统（变配电所及全厂输电、电信线路）以及热电站、热力站、煤气站、空压站、冷冻站、冷却塔和全厂管网等。

（4）环境保护工程，包括废气、废渣、废水等的处理和综合利用设施及全厂性绿化。

（5）总图运输工程，包括厂区防洪、围墙大门、传达及收发室、汽车库、消防车库、厂区道路、桥涵、厂区码头及厂区大型土石方工程。

（6）厂区服务设施，包括厂部办公室、厂区食堂、医务室、浴室、哺乳室、自行车棚等。

（7）生活福利设施，包括职工宿舍、住宅、生活区食堂、职工医院、俱乐部、托儿所、幼儿园、子弟学校、商业服务点以及与之配套的设施。

（8）厂外工程，如水源工程、厂外输电、输水、排水、通信、输油等管线以及公路、铁路专用线等。

2）单项工程指标组成

单项工程指标是由建筑工程费，安装工程费，设备及工、器具购置费，工程建设其他费用等组成的，具体如图 6-2 所示。

（1）建筑工程费，包括场地平整、竖向布置土石方工程及厂区绿化工程；各种厂房、办公及生活福利设施等及建筑物给排水、采暖、通风、空调、煤气等管道工程、电气照明、防雷接地等；各种设备基础、栈桥、管道支架、烟囱烟道、地沟、道路、桥涵、码头以及铁路专用线等工程费用。

（2）安装工程费，包括主要生产、辅助生产、公用工程的专用设备、机电设备、仪表、各种工艺管道、电力、通信电缆等安装以及设备、管道保温、防腐等工程费用。

（3）设备及工、器具购置费，包括需要安装和不需要安装的专用设备、机电设备、仪器仪表及配合试生产所需工具、模具、量具、卡具、刀具等和试验、化验台、工作台、工具箱（柜）、更衣柜等生产家具购置费。

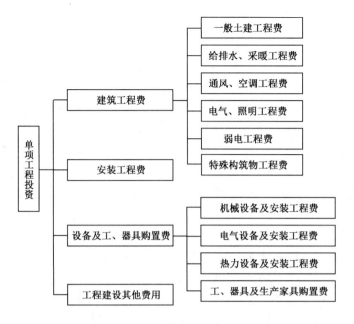

图 6 - 2 单项工程指标

(4)工程建设其他费用,主要指工程建设土地、青苗等补偿费和土地出让金、建设单位其他费用,包括管理费、研究试验费、生产职工培训费、办公及生活家具购置费、联合试运转费、勘察设计费、供电贴费、施工机构迁移费、引进技术和进口设备项目的其他费用。

单项工程指标一般以单项工程生产能力单位投资(如"元/t")或其他单位表示。如变配电站为"元/(kV·A)";锅炉房为"元/蒸汽吨";供水站为"元/m³";办公室、仓库、宿舍、住宅等房屋则区别不同结构形式以"元/m³"表示。

3.单位工程指标

单位工程指标指按规定应列入能独立设计、施工的工程项目的费用,即建筑安装工程费用,其费用组成如图6-3所示。

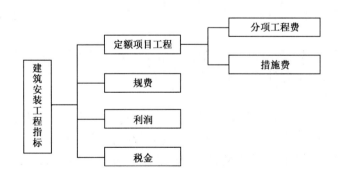

图 6 - 3 单位工程指标

单位工程指标一般以如下方式表示:房屋区别不同结构形式以"元/m²"表示;道路区别不同结构层、面层以"元/m²"表示;水塔区别不同结构、容积以"元/座"表示;管道区别不同材质、管径以"元/m"表示。

三、投资估算指标的编制方法

1. 投资估算指标的编制原则

（1）投资估算指标的编制内容、典型工程的选取，必须遵循党和国家的技术经济政策，符合国家整体发展规划和技术发展方向。坚持技术上的先进、可行和经济上的低耗、合理，力争以较少的投入取得最大的效益。

（2）投资估算指标的编制要与项目建议书、可行性研究报告的编制深度相适应。

（3）投资估算指标的编制要反映不同行业、不同项目和不同工程的特点。

（4）投资估算指标的编制要满足适用性。由于建设时间、建设地点、建设期限等的不同，导致指标的量差、价差等诸多动态因素对投资估算的影响。事实上，建设条件完全相同的工程是不存在的，对动态因素给予适当的调整是扩大投资估算指标覆盖面，增强其适应性所必不可少的条件。

（5）投资估算指标的编制依据要全面、真实、合理。由于投资估算指标，反映的是建设项目从决策直至竣工交付使用全过程所需投资，其编制依据也必须是全过程所发生和实际支付的费用，但实际支付的不一定都是必要的、合理的；过去发生的不一定今后必然发生；这一项目发生的，那一项目也不一定发生，这就要求对这些"实际"资料和数据进行必要的定性分析与定量计算，去伪存真地进行整理。这样才使编出的投资估算指标能够指导以后的同类项目。

2. 投资估算指标的编制依据

投资估算指标的编制工作，是一项涉及面广、情况复杂而又十分具体、细致的工作，具有较强的技术性和政策性。其编制工作除必须依据国民经济整体发展规划、技术发展政策和国家规定的建设标准（如规模标准、工艺标准、占地标准、定员标准等）以外，还必须依照指标的编制内容、使用的层次确定具体的编制依据。由于行业、产品方案、工艺流程、建设规模和建设条件各不相同，编制依据也有所不同，下面仅列举主要的几个方面。

（1）国家和主管部门制定颁发的建设项目用地标准、建设项目工期定额、单项工程施工工期定额及生产定员标准等。

（2）编制年度现行全国统一、地区统一的各类工程概、预算定额，各种费用标准。

（3）典型图纸

（4）已建或在建的相同结构类型工程的工程量清单、设备清单、主要材料用量表和预决算资料。

（5）编制年度的各类工资标准、材料预算价格及各类工程造价指数。

（6）设备价格，按以下几种情况处理：

①原价。

——通用设备、定型产品，以国家或地区主管部门规定的产品出厂价格及有关规定计算；

——非定型及非标准设备按生产厂报价或已到货的合同价计算；

——施工企业自行加工的非标准设备，应按有关加工定额计算，其价格应略低于外购价格；

——进口设备以到岸价或离岸价计算，即：

$$进口设备原价 = 到岸价（CIF）+ 银行财务费 + 外贸手续费 + 关税 + \tag{6-1}$$
$$增值税 + 消费税 + 海关监管手续费 + 车辆购置附加费$$

式中
$$到岸价 = 离岸价（FOB）+ 海运费 + 海运保险费 \tag{6-2}$$

$$货价(离岸价) = 外币金额 \times 银行牌价 \qquad (6-3)$$

②设备运杂费。

设备运杂费指设备由生产厂(或口岸)运到工地安装现场所发生的所有运杂费,包括调车费、装卸费、运费、采购及保管费、成套设备服务费及其他运杂费(如加固捆扎、遮盖)等费用。设备运杂费为简化计算,一般按设备的原价乘以百分率计算。

3. 投资估算指标的编制方法

投资估算指标的编制工作,涉及产品规模、产品方案、工艺流程、设备选型、工程设计和技术经济等各个方面,既要考虑到现阶段技术状况,又要展望近期技术发展趋势和设计动向,才能用以指导以后建设项目的实践。因此,在编制投资估算指标工作之前,应当制订一个包括编制原则、编制内容、指标的层次、项目划分、表现形式、计量单位、计算、复核、审查程序等内容的编制方案,以指导具体的编制工作。同时要选用专业素质较高的编制人员。编制工作一般可分为三个阶段。

1)收集整理资料阶段

收集整理已经建成或正在建设的具有代表性的工程设计图纸资料、施工资料、概算、预算、决算等资料,这些资料是编制工作的基础。资料收集得越广泛,反映出的问题越多,编制工作考虑得越全面,越有利于提高投资估算指标的实用性和覆盖面。同时对调查收集到的资料要抓住占投资比重大、相互关联多的项目进行认真的分析整理。由于已建成或正在建设工程的设计意图、建设时间和地点、地质水文资料等不同,其间的差异是很大的,需要经过去粗取精、去伪存真地加以整理,才能重复利用。将整理后的数据资料按项目划分栏目归类,并按编制年度的现行定额、费用标准和价格,调整成编制年度的造价水平及相互比例。

2)平衡调整阶段

由于调查收集的资料来源不同,虽然经过必要的分析整理,但仍难以避免由于设计方案、建设条件和建设时间上的差异所带来的影响,会使数据失准或出现漏项等情况,因此,必须对这些资料进行适当平衡、调整。

3)测算审查阶段

测算是将新编的投资估算指标和选定工程的概预算,在同一价格条件下进行比较,检验其"量差"的偏离程度是否在允许偏差的范围以内,如偏离过大要查找原因、进行修正,以保证指标的确切、实用。测算同时也是对指标编制质量进行的一次系统检查,应由专人进行,以保持测算口径的统一,在此基础上组织有关专业人员予以全面审查定稿。

四、投资估算指标的应用

投资估算指标为编制建设项目投资估算提供了重要的依据,为了保证投资估算准确,在使用时一定要根据建设项目实施的时间、建设地点的自然条件和工程的具体情况等进行必要的调整,切忌生搬硬套。

1. 时间差异

投资估算指标编制年度所依据的各项定额、价格和费用标准可能会随时间的推移而有所变化。这些变化对项目投资的影响,会因项目工期的长短而有所不同。项目投资估算一定要反映实施年度的造价水平,否则将给项目投资留下缺口,使其失去控制投资的意义。时间差异对项目投资的影响,一般可按下述三种情况考虑。

1）定额水平的影响

定额水平是与社会生产力发展水平相适应的，随着时间的推移、社会的进步，生产力水平会有所提高，这样就需要编制或修订定额，因此在新旧定额间存在"定额差"，一般表现为人工、材料、施工机械台班消耗的量差，必须对其进行调整方可使用。调整方法有两种：一种可相应调整投资估算指标内的人工、材料和施工机械台班数量；另一种可用同一价格计算新、旧定额直接工程费之比，据此调整投资估算指标的直接工程费，即：

$$调整后的直接工程费 = 指标直接工程费 \times (1 + \frac{新定额直接工程费 - 旧定额直接工程费}{旧定额直接工程费})$$

$$(6-4)$$

2）价格差异的影响

由于物价的上涨，投资估算指标编制年度到项目实施期年度期间，设备、材料的价格会有所变化，可按指标内所列设备、材料用量调整其价差或以价差率调整。

3）费用差异的影响

投资估算指标编制年度到实施期年度之间如果建设安装工程各项费用定额有变化，必须进行调整方可使用。

为简化计算，也可将上述定额水平差、设备材料价格差、费用差，分别以不同类型的单项工程综合测算出工程造价年平均递增率，用来调整建安工程费。

2. 建设地点差异

建设地点发生变化，水文、地质、气候、地震以及地形地貌等就会发生变化。这样必然要引起设计、施工的变化，由此引起对投资的影响，除在投资估算指标中规定相应调整办法外，使用指标时必须依据建设地点的具体情况，研究具体处理方案，进行必要的调整。

3. 设计差异

投资估算指标的编制取决于已经建成或正在建设的工程设计和施工资料。而工程实践表明，设计是一种创造性的活动，简单的重复是不存在的也是不允许的。建筑物层数、层高、开间、进深、结构形式、工业建筑的跨度、柱距、所用材料、施工工艺、设备选型等均会对投资产生影响，必须给予适当的调整。

五、投资估算指标实例

北京市政沥青混凝土道路投资估算指标(1994 年)

说　明

（1）本指标以现行全国市政工程设计标准、质量验收规范、施工安全操作规程、预算定额、工期定额为依据，在《城市基础设施工程投资估算指标》基础上，结合已完成的典型工程的竣工结算、设计概算、投资估算资料进行编制。

指标中的建筑安装工程费用依据建设部、中国人民建设银行（建标〔1993〕894 号）《关于印发〈关于调整建筑安装工程费用项目组成的若干规定〉的通知》及现行有关建设项目费用组成的规定进行编制。

本指标适用于市政新建、改建、扩建工程。

（2）本指标是编制市政工程建设项目可行性研究投资估算的依据，是确定项目投资额度、评审建设项目经济合理性、控制资金使用的重要基础。

（3）本指标包括建筑安装工程费，设备工、器具购置费，工程建设其他费用，基本预备费。

①建筑安装工程费包括直接费（即本指标中的指标基价，下同）、其他工程费、综合费用。

——直接费由人工费、材料费、机械使用费组成。

——其他工程费由为完成主体工程必须发生的其他工程费用组成，具体组成内容，视不同的工程，分别加以说明。

——综合费用由其他直接费、间接费、利润和税金组成。

②设备、工器具购置费依据设计文件规定计列，其价格由原价＋运输费＋采购保管费组成，进口设备还包括到岸价格、关税、银行手续费、商检费、增值税及国内运杂费等费用。

③工程建设其他费用包括建设单位管理费、研究试验费、勘察设计费、供配电贴费、生产准备费、引进技术和进口设备其他费、联合试运转费等组成。

④基本预备费系指在初步设计和概算中不可预见的工程及费用。

⑤指标总造价包括建筑安装工程费，设备工、器具购置费，工程建设其他费用和基本预备费。

本指标不包括以下费用：土地使用费（含拆迁补偿费在内）、施工机构迁移费、涨价预备费、建设期贷款利息和固定资产投资方向调节税。

（4）本指标表现形式。为适应社会主义市场经济的发展，按照"量、价"分离的原则，突出人工、主要材料的消耗量。为反映投资估算造价组成比例，本指标还分别列出了建筑安装工程费，设备工、器具购置费，工程建设其他费用，基本预备费分别占指标总造价的百分比。

（5）本指标的编制期价格、费率取定。

①价格取定。

——人工单价按北京地区1993年度土建每工日14.55元、安装每工日15.77元。

——指标材料价格按北京地区1993年度价格。

——机械使用费按《建设部全国统一施工机械台班费用定额》（1994版）并结合各类工程综合确定，未包括运输机械养路费、牌照费、保险费。

②费率取定。

其他工程费各分册费率（％）见表6－1。

表6－1　其他工程费费率表

| 项目 | 道路 | 桥梁 | 给水 | | 排水 | | 防洪堤防 | | 隧道 | | 燃气 | 热力 | 路灯 |
			管道	场站	管道	场站	砼工程	砌石工程	岩石	软土			
费率,％	5	5	8	8	10	8	5	4	9	8	5.5	5	6.15

综合费用各分册费率（％）见表6－2。

表6－2　综合费用费率表

| 项目 | 道路 | 桥梁 | 给水 | | 排水 | | 防洪堤防 | 隧道 | 燃气 | 热力 | 路灯 |
			管道	场站	管道	场站					
费率,％	32.75	41.30	33.60	35.26	39.72	35.26	35.13	40.96	33.60	33.60	25.61

工程建设其他费各分册费率（％）见表6－3。

表6-3　工程建设其他费用费率表

项目	道路	桥梁	给水		排水		防洪堤防	隧道	燃气	热力	路灯
			管道	场站	管道	场站					
费率,%	6.60	12.81	8.24	13.47	8.77	13.47	10.65	13.88	8.27	8.27	6.56

此外,基本预备费费率一般可按10%计算。

(6)本指标计算程序见表6-4。

表6-4　估算指标计算程序表

序号	项　　目	取费基数及计算式
1	人工费小计	
2	材料费小计	
3	人工费小计	
4	指标基价	(1)+(2)+(3)
5	其他工程费	(4)×其他工程费费率
6	综合费用	[(4)+(5)]×综合费用费率
7	建筑安装工程费	(4)+(5)+(6)
8	设备工器具购置费	(原价+运杂费)×(1+采管费率)
9	工程建设其他费	[(7)+(8)]×工程建设其他费费率
10	基本预备费	[(7)+(8)+(9)]×10%
11	指标总造价	(7)+(8)+(9)+(10)

(7)本指标的使用。

使用本指标时可按指标消耗量及工程所在地当时当地市场价格调整指标的人工费和主要材料费,并相应计算其他材料费和机械使用费,再按照规定的计算程序和方法计算其他工程费、综合费用,费率可参照指标确定。

本指标中的人工、材料、机械使用费消耗量原则上不作调整。非调不可的,其具体调整办法如下:

①建筑安装工程费的调整。

——人工费,以指标人工工日数乘以当时当地造价管理部门发布的人工单价确定。

②材料费,以指标主要材料消耗量乘以当时当地造价管理部门发布的相应材料价格确定。其他材料费按下列公式调整:

$$其他材料费 = 指标其他材料费 \times \frac{调整后的主要材料费}{指标材料费小计 - 指标其他材料费}$$

——机械使用费,按下列公式调整:

$$机械使用费 = 指标机械使用费 \times \frac{调整后的(人工费小计 + 材料费小计)}{指标(人工费小计 + 材料费小计)}$$

——指标基价,调整后的指标基价为调整后的人工费、材料费、机械使用费之和。

——其他工程费,调整后的其他工程费为调整后的指标基价乘以指标其他工程费费率。

——综合费用,其调整应按当时、当地不同工程类别的综合费用费率计算,计算公式为:

综合费用 = 调整后的(指标基价 + 其他工程费) × 当时当地的综合费用费率

——建筑安装工程费,按下列公式计算:

建筑安装工程费 = 调整后的(指标基价 + 其他工程费 + 综合费用)

②设备工器具购置费的调整。

指标中列有设备工器具购置费的,按主要设备清单,采用当时、当地的设备价格或上涨幅度进行调整。

③工程建设其他费用的调整。

工程建设其他费用的调整同综合费用,按当时、当地不同工程类别的工程建设其他费用费率计算,计算公式为:

工程建设其他费用 = (调整后的建筑安装工程费 + 调整后的设备工器具购置费)

× 当时当地的工程建设其他费用费率

④基本预备费的调整。

基本预备费 = 调整后的(建筑安装工程费 + 设备工器具购置费 + 工程建设其他费用)

× 基本预备费费率

⑤指标总造价的调整。

指标总造价 = 调整后的(建筑安装工程费 + 设备工器具购置费

+ 工程建设其他费用 + 基本预备费)

(8)建设项目投资估算

建设项目投资估算,应按上述规定调整后,增列指标中没有包括的费用。

①土地使用费(含拆迁补偿费),按国家和地方政府的规定计算。

②施工机构迁移费,特殊工程需指定施工企业施工时所发生的机构迁移费,可按有关规定计算。

③涨价预备费,计算公式为:

$$P_f = \sum_{t=1}^{n} I_t \times \left[(1 + f)^{t-1} - 1 \right]$$

式中 P_f——涨价预备费;

n——计算期年数;

I_t——计算期第 t 年的建筑安装工程费和设备工器具购置费;

f——年价格指数,按国家有关部门发布的价格指数计算;

t——计算期第 t 年。

④建设期投资贷款利息,按建设期资金流量与银行贷款利率计算。

⑤固定资产投资方向调节税,按《中华人民共和国固定资产投资方向调节税暂行条例》规定税率计算应缴纳的税额。

(9)沥青混凝土道路指标,其内容包括:土方工程(按平均30cm深,填方40%,挖方60%,10km弃运土计算)、路基底层、面层、侧缘石及附属工程。道路平交路口已考虑在内。设置港湾停靠站时,应按实际增加的路面面积计算,如设计未规定实际面积时,可按机动车道或快速车道面积乘以下列系数计算:快速路1.04,主干路1.09。

(10)指标道路横断面尺寸、路面结构层厚度见表6-5和表6-6。

表6-5　横断面尺寸表　　　　　　　　　单位:m

道路等级	机动车道	非机动车道	人行道
快速路	2×12.25	2×7	2×3
主干路	24	2×7	2×3
次干路(三幅)	16	2×6	2×3
次干路(单幅)	16	—	2×3
支路	12	—	2×3

道路等级	道路类别	路面结构					
		总厚度	沥青砼路面	黑色碎石	水泥砼面层	粉煤灰三渣基层	碎石垫层
快速路	沥青砼路面	77	11	6	—	45	15
		58	6	7	—	45	—
主干路	沥青砼路面	71	11	—	—	45	15
		58	6	7	—	45	—
次干路	沥青砼路面	66	6	—	—	45	15
		51	6	—	—	45	—
		42	6	—	—	36	—
支路	沥青砼路面	64	9	—	—	40	15
		35	5	—	—	30	—
		38	—	—	18	20	—
非机动车道	沥青砼道路	35	5	—	—	30	—
沥青砼人行道		22.5	2.5(面层)＋20(基层)				
水泥九格砖人行道		27	5(面层)＋2(垫层)＋20(基层)				

（11）其他工程费。

内容包括:场地平整费、临时接水费、接电费、临时便道费、堆料场地费、文明施工费、交工前养护费及其他零星工程费等。

（12）工程量计算规则。

①综合指标工程量计算:道路面积以道路中心线长度乘以道路宽度（机动车道＋非机动车道）。人行道不计算面积,但其费用已含在指标内。

②本分册指标中结构层厚度与实际工程不同时,如果是沥青混凝土路面,每增减1cm面层或基层,指标基价乘以下列系数:

快速路、主干路 :系数为 1±0.03;

次干路、支路（非机动车道）:系数为 1±0.06;

快速路、主干路 :系数为 1±0.006;

次干路、支路（非机动车道）:系数为 1±0.01。

（13）指标的使用说明

①指标在使用中必须紧密结合建设工程项目的特点、标准、技术条件及具体情况进行必要调整。

②指标中,厂拌粉煤灰三渣基层未考虑场外运输,编制估算时,可以按实际需要增列。石灰、粉煤灰、碎石基层是按路拌计算的,如采用厂拌时,可以按实际增列差价及场外运输费。市政沥青混凝土道路投资估算指标见表6－7。

表 6-7 沥青混凝土道路

工程内容:土方、路基、底层、面层、侧缘石及附属工程等。　　　　　　　　　　　　　　单位:100m²

指标编号			1-1		1-2	
序号	项目	单位	沥青混凝土快速路(四幅)			
			结构层厚度			
			77cm	占总造价(基价),%	58cm	占总造价(基价),%
1	人工	工日	52	(3.87)	34	(3.90)
2	人工费小计	元	757		495	
3	石灰	t	4.23	—	12.34	—
4	粉煤灰	m³	—		19.12	—
5	沥青混凝土	t	26.51	—	15.42	—
6	碎石	m³	23.55	—	9.12	—
7	黑色碎石	t	9.69		11.13	—
8	厂拌粉煤灰三渣	t	113.31		—	
9	水泥九格砖	块	261.00		261.00	
10	黄土	m³	—		41.69	
11	钢材	t	0.08		0.08	
12	其他材料费	元	485		748	
13	材料费小计	元	15662	(80.06)	8375	(66.06)
14	机械使用费小计	元	3145	(16.07)	3808	(30.04)
15	指标基价	元	19564	(100)	12678	(100)
16	其他工程费	元	978	—	634	—
17	综合费用	元	6728	—	4360	—
一	建筑安装工程费	元	27270	85.28	17672	85.28
二	设备工器具购置费	元	—	—	—	—
三	工程建设其他费	元	1800	5.63	1166	5.63
四	基本预备费	元	2907	9.09	1884	9.09
五	指标总造价	元	31977	100	20722	100

第二节　工期定额

一、工期定额的概念和作用

1. 工期定额的概念

工期定额是指在一定的经济和社会条件下,在一定时期内由建设行政主管部门制定并发布的工程项目建设消耗的时间标准。工期定额具有一定的法规性,对确定具体工程项目的工期具有指导意义,体现了合理建设工期,反映了一定时期国家、地区或部门不同建设项目的建设和管理水平。工程工期同工程造价、工程质量一起被视为工程项目管理的三大目标。工期定额包括两个层次,即建设工期定额和施工工期定额。

(1)建设工期定额,是指建设项目或单项工程从正式破土动工到按设计文件全部建成交付使用所需的时间标准。

（2）施工工期定额，是指单项工程从基础破土动工到完成建筑安装工程施工全部内容，并达到国家验收标准之日止所需的日历天数。

2. 影响建设工期的主要因素

影响建设工期的因素是多方面的、复杂的，而且许多因素具有不确定性，概括起来主要有以下几种。

1）内部因素

内部因素包括建设项目的建设标准、规模以及项目建设中采用的施工组织措施和施工技术方案等。不同项目有不同的特点，即使同类项目，由于建设规模、生产能力、工艺设备及流程、工程结构的不同，影响建设工期的因素也不同。内部因素主要反映不同建设项目或相同项目不同建设规模、标准之间所存在建设工期的差异。

2）外部因素

（1）建设地点的地质、气候等自然条件。建设地点的地质条件直接影响到建设项目的工程量、建设的难易程度、交通运输和施工组织设计等；气候条件主要是指建设地点的海拔高度、冬季施工期、年度降雨天数、年大风或台风天数、最大冻土深度等。

（2）供应条件，主要指建设项目的资金、材料、设备、劳动力、施工机械等的供应及其质量。供应条件受整个国民经济和建筑业发展的影响。

（3）管理因素。建设项目的实施涉及计划、建设、财政等行政部门和业主、勘察、设计、施工、咨询等诸多单位，就建设工期或建设速度而言体现了上述部门和单位的工作效率及协调配合能力。目前我国的建设管理水平还有待进一步提高，相当一部分项目建设工期的确定带有随意性，如招投标过程中，违背施工客观规律，盲目压缩工期，打乱了正常的施工和建设程序，造成一些难以弥补的质量问题。因此必须加强建设项目的工期管理。

3. 工期定额的作用

工期定额是加强建设工程管理的一项基础工作，具有一定的法规性、普遍性和科学性。在工程建设过程中发挥着重要的作用。

（1）是签订建筑安装工程施工合同、确定合理工期的基础。建设单位与施工单位在签订施工合同时所确定的工期可以是定额工期，也可以与定额工期不一致，因为建设单位对工程项目的要求、施工单位的施工方案均会影响工期。工期定额是按照社会平均管理水平、施工装备水平和正常施工条件来确定的。它是确定合理工期的基础。合同工期一般围绕定额工期上下波动。

（2）是施工企业编制施工组织设计、确定投标工期的依据。

（3）是施工企业进行施工索赔的条件。

（4）是施工企业在工期提前时计算赶工费的基础。

（5）是建设单位编制招标文件的依据。

二、工期定额的内容

工期定额同概、预算定额一样，是工程建设定额管理体系中的重要组成部分。我国于20世纪80年代初开始工期定额的编制和管理，开始主要是编制建筑安装工程工期定额。现行工期定额分为三个部分和六项工程。第一部分是民用建筑工程，第二部分是工业及其他建筑工程，第三部分是专业工程。无论什么工程，其工期定额的主要内容均包括：编制作用、依据及使用的说明。

1. 工期定额中时间的说明

建设工期定额的起止时间一般从设计文件规定的工程正式破土动工到全部工程建成交付使用所需的时间,定额中大多以月表示,工期较短的也可以天表示。为了方便使用还应对定额所考虑国家规定的法定有效工作天数或月数,以及冬季施工、开始动工的季节等做出说明。

2. 建设工期定额的项目构成

各类建设工期定额按项目的组成划分为两个层次。

(1)建设项目的定额工期,是指建设项目或单项工程从正式破土动工到按设计文件全部建成交付使用所需的时间标准。

(2)主要单项工程的定额工期,指一个建设项目中具有独立设计,可以单独发挥效益或对整个建设项目起重要控制作用的工程,如钢铁厂中的矿山采选、烧结、焦化、炼铁、炼钢、轧钢等工程。

三、工期定额的编制原则

1. 定额水平应遵循平均先进的原则

确定合理的定额水平既要考虑正常的施工条件、大多数施工企业的装备程度、合理的劳动组织和社会的平均水平,又要考虑近年来新材料、新工艺、新技术的使用情况。

2. 定额内容应遵循简明适用原则

关于简明适用,前面已经讲过,这里不再重述。

3. 合理性与差异性相结合的原则

在编制工期定额时,既要坚持定额水平的合理性,又要考虑各地区自然条件差异对工期的影响。

由于我国地域辽阔,各地的自然条件差异较大,导致同类工程在不同地区所采用的机械设备、施工方法等存在差异,最终造成所需工期不同。因此工期定额按省会所在地近几年的平均气温和最低气温,把全国划分成三类地区。

Ⅰ类地区:上海、江苏、浙江、安徽、福建、江西、湖北、湖南、广东、四川、云南、重庆、海南、广西、贵州。

Ⅱ类地区:北京、天津、河北、山西、山东、河南、陕西、甘肃、宁夏。

Ⅲ类地区:内蒙古、辽宁、吉林、黑龙江、西藏、青海、新疆。

四、工期定额的编制依据

(1)国家的方针、政策、法律法规;

(2)现行的施工规范和验收标准;

(3)原《建筑安装工程工期定额》;

(4)现行建筑安装工程劳动定额;

(5)已完工程合同工期、实际工期等资料;

(6)其他有关资料。

五、工期定额的编制方法

1. 施工组织设计法

施工组织设计法是对某项工程按工期定额划分的项目,采用施工组织设计技术,建立标准的网络图来进行计算。标准网络法由于可采用计算机进行各种参数的计算和工期—成本、劳动力、材料资源的优化,因此使用较为普遍。

应用标准网络法编制工期定额的基本程序如下:

(1)建立标准网络模型,以此揭示项目中各单位工程、单项工程之间的相互关系。

(2)确定各工序的名称,选定适当的施工方案。

(3)计算各工序对应的综合劳动定额。

(4)计算各工序所含实物工程量。

(5)计算工序作业时间。工序作业时间是网络计划技术中最基本的参数,它与工序的划分、劳动定额和实物工程量有关,同时工序作业时间计算是否准确也影响整个建设工期的计算精度。工序作业时间计算公式为:

$$D = Q/P \tag{6-5}$$

式中　D——工序作业时间;

　　　Q——工序所含实物工程量;

　　　P——综合劳动定额。

(6)计算初始网络时间参数,得到初始工期值,确定关键线路和影响整个工期值的各工序组合。

(7)进行工期—成本、劳动力、材料资源的优化后,得出最优工期。

(8)根据网络计算的最优工期,考虑其他影响因素,进行适当调整后即为定额工期。

2.数理统计法

数理统计法是把过去的有关工期资料按编制的要求进行分类,然后用数理统计的方法,推导出计算式求得统计工期值。统计的方法虽然简单,理论上可靠,但对数据的处理要求严格,要求建设工期原始资料完整、真实,要剔除各种不合理的因素,同时要合理选择统计资料和统计对象。

数理统计法是编制工期定额较为通用的一种方法,具体的统计对象和统计对象预测的范围,根据编制工作的需要而确定,主要有评审技术法、曲线回归法。

3.专家评估法(Delphi法,以下简称D法)

专家评估法是在问题难以用定量的数学模型、难以用解析方法求解时而采用的一种有效的估计预测方法,属于经验评估的范围。通过调查专家、技术人员(所选专家、技术人员必须经验丰富、有权威、有代表性),对确定的工期目标进行估计和预测。采取D法首先要确定预测的目标,目标可以是某项工程的工期,也可以是某个工序的作业时间或编制工期定额中的某个数值等;其次,按照专门设计的征询表格,请专家填写,表格栏目要明确、简捷、扼要,填写方式尽可能简单;最后经过数轮征询和信息反馈,将各轮的评估结果作统计分析。如此不断修改评估意见,最终使评估结果趋于一致,作为确定定额工期的依据。

以上是建设工期定额的几种主要的编制方法,在实际工作中,可根据具体的建设项目采用一种或几种方法综合使用。

六、建设工期定额实例

北京市砖混结构住宅工程工期定额(节录)

说　明

(1)单身宿舍的工期按相应住宅工期乘0.9系数。

（2）如遇高级住宅，其工期按相应定额乘1.2系数。高级住宅应具备下列条件：

①内墙面贴墙纸（布）或油漆墙面（不含乳胶漆及油漆墙裙）；

②部分木地板或塑料贴面的地面；

③吊顶或高级装饰抹灰；

④部分细木装修；

⑤厨房、卫生间瓷砖墙裙、马赛克或水磨石地面。

（3）本章中住宅小区工期为建筑安装工程施工工期，是作为决策机关确定小区建筑安装工程工期的依据。

住宅小区工程工期包括不同结构的高层、多层住宅建筑和一般的文化、商业配套公共设施以及区域内各种管线、庭院道路工程。住宅小区工期中，不包括小区规划设计、建设单位筹建及开工前的三通一平等工作和建筑安装工程竣工验收后的大市政工程、大型公共建设项目以及绿化工程。

工期定额参见表6－8。

表6－8　北京市砖混结构住宅工程工期定额

编号	层数	建筑面积 m²	工期天数		备注
			无地下室	带一层地下室	
1－1	1	300 以内	90	—	
1－2	1	500 以内	105	—	
1－3	1	1000 以内	120	—	
1－4	2	300 以内	105	130	
1－5	2	500 以内	120	150	
1－6	2	1000 以内	135	170	
1－7	2	2000 以内	150	190	
1－8	2	3000 以内	170	215	
1－9	3	500 以内	130	160	
1－10	3	1000 以内	155	190	
1－11	3	2000 以内	170	210	
1－12	3	3000 以内	185	230	
1－13	4	1000 以内	170	200	
1－14	4	2000 以内	185	220	
1－15	4	3000 以内	205	245	
1－16	4	5000 以内	225	270	
1－17	5	2000 以内	205	240	
1－18	5	3000 以内	225	265	
1－19	5	5000 以内	245	290	
1－20	5	7000 以内	270	32.5	
1－21	6	2000 以内	225	260	
1－22	6	3000 以内	245	285	
1－23	6	5000 以内	265	305	

编号	层数	建筑面积 m²	工期天数		备注
			无地下室	带一层地下室	
1-24	6	7000 以内	285	330	
1-25	6	10000 以内	310	365	
1-26	7	3000 以内	280	315	
1-27	7	5000 以内	300	340	
1-28	7	7000 以内	320	365	
1-29	7	10000 以内	345	400	
1-30	4	2000 以内	170	205	
1-31	4	3000 以内	190	230	
1-32	4	5000 以内	210	255	
1-33	5	2000 以内	190	225	
1-34	5	3000 以内	210	250	
1-35	5	5000 以内	230	275	
1-36	5	7000 以内	250	295	
1-37	6	2000 以内	210	245	
1-38	6	3000 以内	230	270	
1-39	6	5000 以内	250	290	

思 考 题

1. 什么是投资估算指标?

2. 投资估算指标的作用和编制原则是什么?

3. 投资估算指标内容一般可分几个层次?

4. 试述投资估算的编制方法。

5. 在使用投资估算指标时应注意哪些问题

6. 什么是工期定额? 什么是建设工期定额? 什么是施工工期定额?

7. 影响工期的因素有哪些?

8. 工期定额的编制原则、依据是什么?

9. 工期定额包括哪些内容?

10. 在实际工作中如何使用工期定额?

自测题(六)

一、单项选择题

1.(   )是编制扩大初步设计概算,计算和确定工程造价,计算人工、材料、机械台班需要量所使用的定额。

A 概算定额　　　　B 概算指标　　　　C 预算定额　　　　D 施工定额

2.投资估算指标不包括的内容是(　　　)。

A 建设项目综合指标　　　　　　　　B 单项工程指标

C 单位工程指标　　　　　　　　　　D 扩大分部分项工程指标

3.单项工程指标一般以(　　　)表示。

A 工作量　　　　　　　　　　　　　B 工、料、机消耗量

C 费用总额　　　　　　　　　　　　D 单项工程生产能力单位投资

4.(　　　)一般以项目的综合生产能力单位投资表示。

A 建设项目综合指标　　　　　　　　B 单项工程指标

C 单位工程指标　　　　　　　　　　D 概算指标

5.不能用来单独计算人工、材料、机械台班的消耗量的定额是(　　　)。

A 预算定额　　　　B 概算定额　　　　C 概算指标　　　　D 投资估算指标

6.一般来说,分部分项工程单价编制的依据是(　　　)。

A 施工定额和预算定额　　　　　　　B 预算定额和概算定额

C 概算定额和概算指标　　　　　　　D 概算指标和投资估算指标

二、多项选择题

1.投资估算指标一般可分为(　　　)三个层次。

A 建设项目指标　　　　B 设备购置费用指标　　　　C 单项工程指标

D 建设工程其他费用指标　　　E 单位工程指标

2.投资估算指标的编制阶段包括(　　　)。

A 收集整理资料阶段　　　　B 资料分析阶段　　　　C 平衡调整阶段

D 测算审查阶段　　　　E 校验阶段

3.工期定额的编制原则包括(　　　)。

A 平均先进的原则　　　　B 社会平均的原理　　　　C 简明适用原则

D 公平公正的原则　　　　E 合理性与差异性相结合的原则

4.工期定额包括两个层次,即(　　　)。

A 建设工期定额　　　　B 项目工期定额　　　　C 施工定额

D 施工工期定额　　　　E 预算定额

参 考 文 献

［1］ 中华人民共和国建设部定额司全国统一建筑工程基础定额：土建（上、下册）.北京：中国建筑工业出版社,2010.

［2］ 天津市城乡建设委员会.天津市 2012 预算定额计价.北京：中国建筑工业出版社,2012.

［3］ 王春宁,曾爱民.工程建设定额原理与实务.北京：机械工业出版社,2010.

［4］ 何辉.工程建设定额原理与实务.北京：中国建筑工业出版社,2015.

［5］ 全义,赵晓冬.建筑工程定额与预算.北京：高等教育出版社,2013.

［6］ 尹贻林.工程造价计价与控制.北京：中国计划出版社,2008.

［7］ 张建平.建筑工程计价.重庆：重庆大学出版社,2014.

［8］ 李玉芬.建筑工程概预算.北京：机械工业出版社,2010.